JUTTA JÜSCH

Konsumgenossenschaften und Food-Cooperatives

Schriften zum Genossenschaftswesen
und zur Öffentlichen Wirtschaft

Herausgegeben von
Prof. Dr. W. W. Engelhardt, Köln und Prof. Dr. Th. Thiemeyer, Bochum

Band 9

Konsumgenossenschaften und Food-Cooperatives

Ein Vergleich der Entstehungsbedingungen von Verbraucherselbstorganisationen

Von

Jutta Jösch

DUNCKER & HUMBLOT / BERLIN

CIP-Kurztitelaufnahme der Deutschen Bibliothek

Jösch, Jutta:
Konsumgenossenschaften und food-cooperatives:
e. Vergleich d. Entstehungsbedingungen von
Verbraucherselbstorganisationen / von Jutta Jösch. —
Berlin: Duncker und Humblot, 1983.
  (Schriften zum Genossenschaftswesen
  und zur öffentlichen Wirtschaft; Bd. 9)
  ISBN 3-428-05423-7
NE: GT

Alle Rechte vorbehalten
© 1983 Duncker & Humblot, Berlin 41
Gedruckt 1983 bei Werner Hildebrand, Berlin 65
Printed in Germany

ISBN 3 428 05423 7

Vorwort

Die Konsumgenossenschaften in der BRD sind einen für manchen Betrachter frustrierenden Weg gegangen. Begonnen haben sie als Selbstorganisationen von Verbrauchern, die ihre Vorstellungen keineswegs auf die kooperative Beschaffung guter und preiswerter Konsumgüter beschränken, sondern den Markt mit Hilfe der genossenschaftlichen Idee demokratisieren, das Bildungsniveau der Konsumenten und Arbeitnehmer heben und das Bewußtsein von der Gemeinsamkeit der Interessen durch Solidarität und Selbsthilfe fördern wollten. Was davon heute übriggeblieben ist, sind Anbieter von Konsumgütern; nicht einmal die genossenschaftliche Rechtsform hat sich gehalten. Wie Franz Oppenheimer (1896) es vorausgesagt hat, sind die Konsumgenossenschaften an ihrem Erfolg gescheitert.

Dieses Scheitern ist jedoch nicht endgültig. Es hat die Konsumenten unserer Tage nicht entmutigt, sich von neuem an der Bildung von Selbstorganisationen zu versuchen. Einem Typ der neuen kooperativen Verbraucherselbsthilfe, den food-cooperatives, ist die vorliegende Untersuchung gewidmet. Daneben gibt es eine Vielfalt von weiteren Selbstorganisationen. Nelles (1983) schätzt, daß in der BRD derzeit etwa 100 food-coops arbeiten, insgesamt aber etwa 31.000 Organisationen der verschiedensten Art, von denen er etwa 18.000 dem Bereich "Selbsthilfe" und etwa 13.000 dem Bereich "polisches Geltendmachen eigener Interessen" zuordnet.

Die Verfasserin hat sich auf die food-coops konzentriert, weil sie eindeutig als Zusammenschlüsse von Konsumenten betrachtet werden können, was für manche der übrigen Selbstorganisationen nur mit Einschränkung gilt. Wissenschaftliche Untersuchungen über die food-coops in der BRD gab es bisher nicht. Die Verfasserin hat mit der Methode der teilnehmenden Beobachtung einige dieser Verbraucherselbstorganisationen exemplarisch untersucht und zeichnet ein umfassendes Bild von ihrer Organisation, ihrer Arbeitsweise, ihren Problemen. Im Zentrum der Untersuchung steht der Nachweis, daß es fundamentale Parallelen in den Anfangszielsetzungen und Entstehungsbedingungen der neuen und der alten Verbraucherkooperativen gibt.

Der frustrierte Betrachter, von dem eingangs die Rede war, ist vielleicht versucht, dieses wichtige Ergebnis pessimistisch zu bewerten, indem er aus ihm den Schluß zieht, daß die neuen Kooperativen wegen der Parallelität der Anfänge auch das weitere Schicksal der alten teilen werden. Doch gerade dies ist vollkommen offen. Die neuen Kooperativen wachsen in eine andere Phase der wirtschaftlichen und gesellschaftlichen Entwicklung hinein. Attraktivität und Leistungsvorteile der kapitalistischen Produktionsweise haben ihren Zenit überschritten. In großer Anzahl beginnen Gruppen, aber auch einzelne (Vonderach, 1980), mit Formen eines mehr oder weniger alternativen Wirtschaftens zu experimentieren. Zum Teil haben sie bereits Verbindung miteinander, zum anderen Teil bilden sie ein wachsendes Potential für die Bildung von Netzwerken (Ferguson, 1980). Kommt es aber zu einem Vernetzungssystem, so tritt in diesem "in bestimmten, dem Verbraucher oder Produzenten zuzumutenden Grenzen" (Novy, 1982, S.126) die Kooperation an die Stelle der Konkurrenz, und die Chance der Kooperativen wächst, in einer marktwirtschaftlichen Umwelt ihre Eigenheit zu behaupten. Die Geschichte braucht sich nicht zu wiederholen.

Stuttgart, April 1983   Gerhard Scherhorn

1. ZIELSETZUNG DER ARBEIT UND VORGEHENSWEISE S. 1

  1.1. Problemstellung S. 1

  1.2. Abgrenzung S. 1

      1.2.1. Auswahl des Untersuchungsgegenstandes S. 4
      1.2.2. Anforderungen an den Erklärungsansatz und dessen Auswahl S. 5
          1.2.2.1. Anforderungen an den Erklärungsansatz S. 6
          1.2.2.2. Auswahl des Erklärungsansatzes S. 8

  1.3. Methodisches Vorgehen zur Ermittlung der Daten über food-coops S. 9

      1.3.1. Auswahl der Befragungsmethode S. 10
      1.3.2. Auswahl und Anzahl der Gesprächspartner S. 11
      1.3.3. Durchführung der Interviews S. 11
      1.3.4. Ermittlung der Mitgliederstruktur S. 11

2. DIE UNORGANISIERBARKEITSTHESE S. 11

  2.1. Verbraucher sind keine abgrenzbare soziale Gruppe S. 12
  2.2. Verbrauchern fehlt ein entsprechendes Bewußtsein S. 13
  2.3. Verbraucherinteressen sind zu heterogen S. 13
  2.4. Das Konsumenteninteresse wird vom Produzenteninteresse dominiert S. 14
  2.5. Die Logik kollektiven Handelns S. 15

3. NACHWEIS DER VERGLEICHBARKEIT VON KONSUMGENOSSENSCHAFTEN UND FOOD-COOPS S. 19

  3.1. Darstellung der Konsumgenossenschaften S. 19

      3.1.1. Definition des Begriffs "Konsumgenossenschaft" S. 19
      3.1.2. Der Zeitraum konsumgenossenschaftlicher Gründungen S. 20
      3.1.3. Das konsumgenossenschaftliche Zielsystem S. 22
          3.1.3.1. Übergeordnete Zielsetzung: Die Lösung der sozialen Frage S. 24
          3.1.3.2. Oberziel: Schaffung einer gerechteren Gesellschaftsordnung S. 25
          3.1.3.3. Unterziele S. 26
  3.2. Darstellung der untersuchten food-coops und ihr Vergleich mit den Konsumgenossenschaften S. 30

3.2.1. Vergleich der Definition des Begriffs "Konsumgenossenschaft" mit dem des Begriffs "food-coop"	S. 30
3.2.2. Der Gründungszeitraum von food-coops	S. 32
3.2.3. Das Zielsystem der untersuchten food-coops	S. 32
3.2.3.1. Übergeordnete Zielsetzung: Lösung gesellschaftlicher Probleme	S. 33
3.2.3.2. Oberziel: "Anders leben"	S. 35
3.2.3.3. Unterziele	S. 36
3.2.4. Vergleich der beiden Zielsysteme	S. 40
4. KONSUMGENOSSENSCHAFTLICHE ENTSTEHUNGSBEDINGUNGEN	**S. 41**
4.1. Objektive Voraussetzungen der Entstehung von Konsumgenossenschaften	S. 41
4.1.1. Gesellschaftsstrukturelle Veränderungen in der ersten Hälfte des 19. Jahrhunderts	S. 41
4.1.2. Situation der Verbraucher auf Konsumgütermärkten	S. 45
4.2. Zur Definition konsumgenossenschaftsgeeigneter Bedüfnisse	S. 48
4.2.1. Schichtzugehörigkeit von Personen, die an der Gründung von Konsumgenossenschaften beteiligt waren	S. 49
4.2.2. Herleitung konsumgenossenschaftsgeeigneter Bedürfnisse	S. 55
4.3. Die Entwicklung einer kollektiven Handlungsbereitschaft bei potentiell konsumgenossenschaftsgeeigneten Personen	S. 57
4.3.1. Die Theorie der relativen Deprivation	S. 57
4.3.2. Die Entstehung einer generellen Handlungsbereitschaft bei potentiell konsumgenossenschaftsgeeigneten Personen	S. 60
4.3.3. Die Suche nach der Deprivationsursache	S. 61
4.3.4. Die Entstehung einer kollektiven Handlungsbereitschaft	S. 64
4.4. Die Entwicklung konsumgenossenschaftsgeeigneter Zielvorstellungen	S. 70
4.4.1. Die Entstehung der konsumgenossenschaftlichen Idee der Selbstorganisation	S. 70
4.4.2. Die Rolle von "Intellektuellen" bei der Entwicklung konsumgenossenschaftsgeeigneter Zielvorstellungen	S. 71
4.4.3. Bedingungen der Übernahme konsumgenossenschaftsgeeigneter Zielvorstellungen	S. 73

4.4.3. Bedingungen der Übernahme konsumgenossenschaftsgeeigneter Zielvorstellungen — S. 73

5. VERGLEICH KONSUMGENOSSENSCHAFTLICHER ENTSTEHUNGSBEDINGUNGEN MIT DEN ENTSTEHUNGSBEDINGUNGEN VON FOOD-COOPS — S. 75

5.1. Zur Definiton food-coop-geeigneter Bedürfnisse — S. 75

5.2. Die Entwicklung einer kollektiven Handlungsbereitschaft — S. 77

    5.2.1. Die Entstehung einer generellen Handlungsbereitschaft — S. 78
        5.2.1.1. Die Unzufriedenheit mit der Situation als Verbraucher — S. 78
        5.2.1.2. Die Unzufriedenheit mit der sozialen Situation — S. 81
        5.2.1.3. Die Unzufriedenheit mit der gesamtgesellschaftlichen Situation — S. 82
        5.2.1.4. Die Unzufriedenheit mit dem mangelnden eigenen Handlungsspielraum — S. 85

    5.2.2. Die Entstehung kollektiver Handlungsbereitschaft — S. 88

        5.2.2.1. Die Bedingung der räumlichen Nähe — S. 88
        5.2.2.2. Die Bedingung der sozialen Nähe — S. 89
        5.2.2.3. Kenntnis von Abhängigkeitsbeziehungen und Verantwortlichkeiten — S. 91

5.3. Die Entwicklung food-coop-geeigneter Zielvorstellungen — S. 94

    5.3.1. Die Entstehung der Idee zur Selbstorganisation in Form von food-coops — S. 94
    5.3.2. Die Rolle von "Intellektuellen" bei der Entwicklung food-coop-geeigneter Zielvorstellungen — S. 94
    5.3.3. Bedingungen der Übernahme food-coop-geeigneter Zielvorstellungen — S. 97

6. ZUSAMMENFASSENDE DARSTELLUNG DER ERMITTELTEN ENTSTEHUNGSBEDINGUNGEN UND DEREN BEDEUTUNG FÜR DIE "UNORGANISIERBARKEITSTHESE — S. 99

Anhang — S. 105

Verzeichnis der Tabellen und Schaubilder — S. 119

Literaturverzeichnis — S. 120

1. ZIELSETZUNG DER ARBEIT UND VORGEHENSWEISE

1.1. Problemstellung

Die gegenwärtig in der Bundesrepublik Deutschland existierenden Organisationen, die sich um die Vertretung von Verbraucherinteressen bemühen, bestehen zum überwiegenden Teil aus sogenannten "Fremdorganisationen" (vgl. Überblick in Biervert, B. et al, 1977, S.26-35). Stellvertretend für alle Verbraucher werden von diesen Organisationen Verbraucherinteressen entweder selbständig oder mittels Repräsentanten interpretiert, artikuliert und im wohlverstandenen Interesse wahrgenommen, ohne daß die davon Betroffenen die Möglichkeit haben, diesen Prozeß direkt zu beeinflussen oder darüber Kontrolle auszuüben (Biervert, B. et al, 1977, S.23).
Anstöße zu diesen institutionellen Fremdvertretungen liefern im allgemeinen der Staat oder einzelne Verbände, deren Programm entsprechend ihrem Selbstverständnis die Vertretung von Verbraucherinteressen vorsieht. Diese Art der Vertretung von Konsumenteninteressen ist nicht unproblematisch.

Ottel stellt schon 1955 in Frage, ob die Verbraucherverbände - und hier insbesondere die Arbeitsgemeinschaft der Verbraucherverbände - berechtigt sind, Verbraucherinteressen zu vertreten, da sie keine Legitimation durch die Basis ihrer Mitglieder aufweisen, sondern überwiegend als "Geschäftsführer ohne Auftrag" handeln (Ottel, F., 1955, S.48/49). "Die Vertretung der Verbraucher durch die Arbeitsgemeinschaft der Verbraucherverbände ist (...) bisher ein typisches Beispiel einer unechten Vertretung: Die 'Vertreter' handeln zu etwa 95% als Geschäftsführer ohne Auftrag ", woran sich bisher nichts wesentlich verändert hat.

Die Finanzierung der Fremdorganisationen erfolgt zur Zeit überwiegend durch den Staat. Offiziell sind diese Organisationen dadurch zwar keinen staatlichen Anweisungen unterworfen, doch können "Auftraggebereffekte" wohl kaum vermieden werden, wenn man berücksichtigt, daß sie in der Ausführung ihrer Aufgaben unter dem Einfluß der staatlichen Bürokratie stehen. Vergegenwärtigt man sich zudem Aussagen wie die folgende aus der Regierungserklärung von 1976: - Die Verbraucherpolitik habe so zu operieren, daß für die "Wirtschaft keine unvertretbaren neuen Belastungen auftreten dürfen" (Biervert, B. et al, 1977, S.36/37) - so ist es nicht erstaunlich, daß es den

Verbrauchervertretungen bisher nicht gelungen ist, Ziele und Mittel zu entwickeln, die eine wirkungsvolle Durchsetzung von Konsumenteninteressen ermöglichen, ganz im Gegensatz zu den Verbänden des Produktionsbereichs.

Weitere Probleme ergeben sich aus der Ansiedlung der verbraucherpolitischen Institutionen auf Bundes- und Länderebene; lokale Besonderheiten können beispielsweise in der Verbraucherarbeit keine Berücksichtigung finden, was unter anderem eine weitere Entfernung von den Verbrauchern mit sich bringt (Biervert, B., 1978, S.17).

Die eindeutig mittelschichtorientierten Maßnahmen und Ziele der bisher praktizierten Verbraucherpolitik führen zu einer Vernachlässigung gerade jener Bevölkerungskreise, die Unterstützung am notwendigsten brauchen könnten, nämlich der sozial schwachen Schichten (Studiengruppe Partizipationsforschung, 1978, S.2).

Diese hier nur angedeuteten und keineswegs vollständig erfaßten Nachteile von Fremdorganisationen konnten solange zurückgewiesen werden, "solange wissenschaftlich die These von der Nicht-Organisierbarkeit der Verbraucher begründet und empirisch belegt werden konnte" (Nelles, W., 1980,S.1).
Möglichen Versuchen zur Organisierung von Verbrauchern wurden von wissenschaftlicher Seite unüberwindbare psychologische und soziologische Hindernisse vorausgesagt.
Zu Verbraucherselbstorganisationen gehören hier nach Brune (G., 1975, S.107) "nicht nur Verbraucherverbände oder -vereine, sondern auch spontan entstandene, nicht auf Dauer angelegte und institutionell nicht oder wenig gefestigte Organisationsstrukturen (...). Entscheidende Voraussetzung ist ein gemeinsames Handeln individueller Verbraucher, die ihre gleichartigen (Gruppen)Interessen entweder selbst artikulieren, aggregieren und durchzusetzen versuchen oder Interessenvertreter damit beauftragen, auf deren Handlungen sie direkt einwirken können."

Großen Einfluß auf die Diskussion um Fähigkeit oder Unvermögen von Verbrauchern zur Selbstorganisation hatte und hat nach wie vor Olson's 1965 erschienene Theorie "Die Logik des kollektiven Handelns", nach der eine Aktivierung von Verbrauchern auf breiter Basis fast nur durch ein Angebot selektiver Anreize möglich ist.
Von anderen Autoren werden beispielsweise vorhandenes Verbraucherbewußtsein, Homogenität von Verbraucherinteressen, Konfliktfähigkeit der Konsumenten oder die Dominanz des Verbraucherinteresses einer Person über deren Produzenteninteresse als notwendige Voraussetzungen zur Entstehung von Selbstorganisationen genannt; Bedingungen, die nach Ansicht der Autoren von Verbrauchern nicht erfüllt werden oder nicht erfüllt werden können.

Die Argumente der "Unorganisierbarkeitsthese" lassen erkennen, daß durchaus Gründe vorliegen, die das weithin vorliegende Fehlen von Verbraucherselbstorganisationen erklären können. Diese Gründe reichen jedoch meines Erachtens nicht aus, um von einer generellen Unorganisierbarkeit der Verbraucher sprechen zu können. Dies insbesondere deshalb nicht, da trotz aller anderslautender Argumente seit einigen Jahren eine zunehmende Tendenz zur Selbstorganisation von Verbrauchern festzustellen ist. Beispielhaft sei auf die Consumerismus-Bewegung in den USA hingewiesen, sowie auf die vielfältigen Bürgerinitiativen in der Bundesrepublik Deutschland, die nach Angaben von Sehringer inzwischen einen Mitgliederbestand erreicht haben, der über dem aller bundesrepublikanischen Parteien liegt (Sehringer, R., 1978, S.4).
Der Einwand, Bürgerinitiativen seien keine Verbraucherselbstorganisationen, wird weiter unter aufgegriffen.

Nicht zuletzt diese Erscheinungen trugen dazu bei, daß die "Unorganisierbarkeitsthese" in zunehmendem Maße kritisiert wird und darüberhinaus neue Erklärungsansätze zur Organisierbarkeit von Verbrauchern gefordert werden (stellvertretend: Biervert, B. et al, 1977; Czerwonka, C., Schöppe, G. & Weckbach, S., 1976; Hansen, U. & Stauss, B., 1978; Nelles, W. et al, 1981; Stauss, B., 1980).

So bemängeln Hansen und Stauss, daß eine gründliche Diskussion der Überzeugung, Verbraucher seien nicht organisierbar, noch aussteht. Ihrer Meinung nach hat man bisher lediglich auf verschiedene zunächst plausibel erscheinende Erklärungen zurückgegriffen, ohne zu berücksichtigen, "daß sich durch die Vielzahl der Beiträge noch nicht - quasi kumulativ - die Wahrheit der These der Unorganisierbarkeit der Verbraucher eingestellt hat" (Hansen, U. & Stauss, B., 1978, S.261).

Es kommt hinzu, daß die bisher verwendeten Erklärungsansätze unter anderem definitorische Beschränkungen aufweisen, mangelhaft empirisch überprüft wurden oder sich auf entscheidungslogische Kalküle beschränken.

Nach Biervert kommt es darauf an, zu erkennen, daß "zum gegenwärtigen Zeitpunkt die Chance der Selbstorganisation von Verbraucherinteressen jedenfalls nicht mehr in der bisher in der Verbraucherforschung üblichen modellhaften allgemeinen Form, sondern nur anhand praktischer Erfahrungen und deren andersartigen theoretischen Aufarbeitung beurteilt werden kann" (Biervert, B., 1976, S.157). Zu einem späteren Zeitpunkt fügt er hinzu, daß es bisher keine empirisch fundierte Theorie der Organisation von Verbrauchern gibt, die den historischen Kontext in der Bundesrepublik Deutschland einbezieht (Biervert, B., 1978, S.23).

Ein weiterer Kritikpunkt an der bisherigen Diskussion zur Verbraucherselbstorganisation wird im Forschungsantrag der Gesamthochschule Wuppertal zum Projekt "Alternative Organisationsformen für die Vertretung von Verbraucherinteressen (1976, S.3) formuliert. Demnach bedarf der bisher in der Verbraucherforschung verwendete Bezugsrahmen "dringend einer weiter ausgreifenden, interdisziplinären sowie strengeren theoretischen wie empirischen Überprüfung beziehungsweise Erweiterung". Die Berücksichtigung von relevanten Forschungsergebnissen thematisch verwandter wissenschaftlicher Disziplinen, wie der Partizipations- und Rätediskussion, der empirisch-theoretischen Organisationsforschung, der (verhaltenstheoretischen und funktionalistischen) Soziologie, der Sozialpsychologie, der Genossenschafts-, Gewerkschafts- und Gemeinwirtschaftstheorie und der politischen Planungstheorie könnten demnach eine wesentliche Bereicherung der gegenwärtigen Diskussion mit sich bringen und so zur Klärung der Frage beitragen, unter welchen Bedingungen Verbraucher ihre Interessen selbst organisieren (Forschungsantrag, 1976, S.3/4).

Nelles et al kritisieren an der bisherigen Selbstorganisationsdiskussion unter anderem, daß Konsumentenorganisationen darin als Organisationen allgemeiner, aus der Verbraucherrolle aller Verbraucher resultierender Interessen aufgefaßt werden. Eine solche Sichtweise ignoriert nach Meinung der Autoren die "theoretisch wohl zutreffende Auffassung in der Verbraucherforschung, daß Verbraucherprobleme differenziert nach Anlaß, Zeit und Ort auftreten" (Nelles, W. et al, 1981, S.102). Sie regen deshalb an, Bürgerinitiativen, -aktionen etc. als Ausdruck von Verbraucherselbstorganisationen zu betrachten, obwohl diese weder primär aufgrund eines allgemeinen Verbraucherinteresses noch auf der Grundlage eines allgemeinen Demokratie- oder Partizipationsinteresses, sondern aus einer konkreten Betroffenheit der Beteiligten heraus entstanden sind. Die Autoren betrachten die geäußerten Interessen als situative Verbraucherinteressen. Eine Analyse solcher situationalen Handlungsanlässe sollte untersuchen, inwieweit Zusammenhänge zu historisch veränderten Verbraucherproblemen vorhanden sind, und diese "damit trotz ihrer situationalen Heterogenität allgemeine Verbindungen haben" (Nelles, W. et al, 1981, S.102).

1.2. Abgrenzung

1.2.1. Auswahl des Untersuchungsgegenstandes

Die oben dargestellten Überlegungen veranlaßten mich, in dieser Arbeit die Entstehungsbedingungen von zwei Verbraucherselbstorganisationen, nämlich die der im 19. Jahrhundert entstandenen Konsumgenossenschaften mit denen der seit einigen Jahren in der Bundesrepublik Deutschland existierenden food-cooperatives zu vergleichen, um damit zur Klärung der Frage beizutragen, unter welchen Voraussetzungen sich Verbraucher um die Realisierung ihrer Interessen selbst bemühen.

Bei beiden Selbstorganisationsformen handelt es sich um Zusammenschlüsse von Verbrauchern, die sich in erster Linie die gemeinsame Beschaffung qualitativ guter und preisgünstiger Lebensmittel zum Ziel gesetzt haben, wobei - wie später noch zu sehen sein wird - die Zielsetzung sich darauf nicht beschränkt.

Die Wahl fiel nicht nur auf Konsumgenossenschaften, weil dadurch der Forderung nach Interdisziplinarität Rechnung getragen wird, sondern vor allem auch deshalb, weil von der Einbeziehung der umfangreichen Forschungen zum Genossenschaftswesen für die Diskussion um die Organisierbarkeit von Verbrauchern zusätzliche Aspekte zu erwarten sind.

Um festzustellen, inwieweit die für das 19. Jahrhundert entwickelten Erklärungsansätze auch heute noch Gültigkeit haben, und um der Diskussion um Möglichkeiten der Verbraucherselbstorganisation zusätzlich aktuelle Anregungen geben zu können, werden die für Konsumgenossenschaften ermittelten Entstehungsbedingungen an den heutigen food-coops überprüft, was insbesondere auch deshalb interessant ist, weil über diese Art der Verbraucherzusammenschlüsse bisher noch keine wissenschaftlichen Erkenntnisse vorliegen.

Die Gegenüberstellung von Verbraucherselbstorganisationen aus zwei verschiedenen Jahrhunderten legt es darüberhinaus nahe, der Forderung nach Einbeziehung des historischen Kontextes nachzukommen.

1.2.2. Anforderungen an den Erklärungsansatz und dessen Auswahl

Die Genossenschaftsforschung zeichnet sich durch eine Vielfalt der Betrachtungsweisen aus: "juristische, historische, volkswirtschaftliche, betriebswirtschaftliche, soziologische, sozialpsychologische ..." Aspekte können je nach individuellem Standpunkt der Forscher wiederum zu unterschiedlichen Erkenntnissen führen (Engelhardt, W.W., 1977b, S.341). Schon diese Aufzählung deutet an, daß eine Betrachtung aller in der Genossenschaftstheorie vorhandenen Erklärungsansätze den Rahmen dieser Arbeit sprengen würde, ganz abgesehen davon, daß nicht alle geeignet sind, die Bedingungen aufzuzeigen, unter denen Genossenschaften in der Mitte des 19. Jahrhunderts entstanden sind (v. Brentano, D., 1980, S.83-85, 93/94, 106/107; Schulte, M., 1980, S.9).

Es stellt sich hiermit die Frage, welche der vorhandenen Ansätze in dieser Arbeit berücksichtigt werden sollen.

1.2.1.1. Anforderungen an den Erklärungsansatz

Wissenschaftliche Tätigkeiten sind nach Engelhardt fast immer "relativ", da Bezugsrahmen und Betrachtungsweisen, die die Voraussetzunger dafür darstellen, daß bei einer Analyse menschlichen Handelns - wie hier die Gründung von Konsumgenossenschaften - überhaupt eine Anknüpfung an die Wirklichkeit erfolgen kann, wissenschaftliche Arbeiten kanalisieren und selektieren (Engelhardt, W.W., 1977b, S.337).
Bezugsrahmen und Betrachtungsweisen, die als erste Beurteilungsmaßstäbe vorläufige Aussagensysteme liefern, geben demnach durch das in ihnen enthaltene Vorverständnis Anregungen und Anleitungen zu wissenschaftlichem Handeln, bevor dieses "durch Erfahrungswissenschaft und Logik schrittweise in Frage gestellt wird" (Engelhardt, W.W., 1977b, S.338). Diesen Überlegungen zufolge haben subjektive Erwartungen und vorläufige Entwürfe des wissenschaftlich Tätigen einen so bedeutenden Einfluß auf wissenschaftliche Untersuchungen, daß es notwendig erscheint, diese Erkenntnis hier zu berücksichtigen, was durch eine möglichst explizite Darlegung des in der Untersuchung verwendeten Bezugsrahmens am ehesten gewährleistet ist.

Dieser Arbeit wird ein Bezugsrahmen zugrunde gelegt, in dem Konsumgenossenschaften als Organisationen der Selbsthilfe angesehen werden, was die Annahme einer Genossenschaftsentstehung "von unten und innen", das heißt durch Personen, die versuchten, ihre Interessen gemeinsam mit anderen zu verwirklichen (Müller, J.O., 1976, S.217), beinhaltet. Diese Auffassung steht im Gegensatz zu der in der Literatur häufiger vertretenen Meinung, nach der Konsumgenossenschaften durch Anstoß "von oben und außen" initiiert wurden, also durch Genossenschaftsgründer, die selbst nicht der Schicht entstammten, für die die Konsumgenossenschaften vor allem errichtet wurden.
Der konsumgenossenschaftlichen Gründungskonstellation "von unten und innen" wurde in dieser Arbeit deshalb der Vorzug gegeben, weil ihr das Erkenntnisinteresse zugrunde liegt, Bedingungen herauszufinden, unter denen Verbraucher ihre Interessen gemeinsam selbst organisieren. Ganz abgesehen davon, daß bei einer Betrachtung der Entstehung "von oben und außen" die Erklärung ausgeklammert wird, warum Konsumgenossenschaften auch als Selbstorganisationen entstanden sind, dürfte jegliche Initiative zur Selbsthilfe von "oben und außen" ohne die aktive Mitarbeit der zu fördernden potentiellen Konsumgenossenschaftsmitglieder nicht erfolgreich sein. Interessant ist in diesem Zusammenhang die Feststellung von Huß, der aufgrund ausführ-

licher Untersuchungen der Entstehung von württembergischen Konsumvereinen zu der Erkenntnis kommt: "Die Werbung und anfängliche Unterstützung der Konsumvereine durch Angehörige des 'Mittelstandes' beziehungsweise der 'Oberschicht' erfolgte im Rahmen der Arbeiterbewegung" (Huß, H.-P., 1977, S.279).

Eine Untersuchung, die sich, wie die vorliegende, zum Ziel gesetzt hat, die Entstehungsbedingungen zweier gesellschaftlicher Phänomene zu vergleichen, darf nicht, wie dies beispielsweise bei der nach 1945 entstandenen genossenschaftlichen Forschungsrichtung überwiegend der Fall ist, in "entscheidungslogischen, formal-rationalistischen Theoriekonzepten" stecken bleiben (Schulte, M., 1980. S.9). Es ist vielmehr notwendig, die primär logische Analyse an empirischen Fakten zu messen, um den Wahrheitsgehalt theoretischer Aussagen feststellen zu können. Dazu eignet sich eine empirisch-theoretische Vorgehensweise, die sich dadurch auszeichnet, daß die auf dieser Grundlage gewonnenen Aussagen nicht nur realitätsbezogen und informativ sind, sondern darüberhinaus dem "Prinzip der kritischen Prüfung und dem Abgrenzungskriterium der Falsifizierbarkeit" unterworfen werden (Engelhardt, W.W., 1978, S.105).

Geht man, wie hier, weiter davon aus, daß die Entstehung von Konsumgenossenschaften zwar historisch einmalige Züge trägt, denen diese Analyse gerecht werden soll, diese aber andererseits in Zusammenhang mit allgemeingültigen Aussagen der Sozialwissenschaften gebracht werden soll - da mit dieser Arbeit letzten Endes angestrebt wird, das Verhalten von Verbrauchern zu erklären - dann stellt sich die Frage, welche Erklärungsverfahren geeignet sind, einerseits der historischen Besonderheit der Konsumgenossenschaftsentstehung und andererseits dem Anspruch nach universeller Geltung der Aussagen darüber gerecht zu werden.
Hier schließt sich unmittelbar die Frage nach der Möglichkeit und der Existenz historischer Erklärungen an. Die Stellungnahmen dazu reichen von der Annahme historischer Erklärungen sui generis bis zum Nachweis, daß zwischen historisch-sozialwissenschaftlichen und naturwissenschaftlichen Erklärungen eine grundsätzliche strukturelle Gleichheit besteht. In diesem Zusammenhang wird vor allem die Frage der Logik historischer Gesetze relevant - ein Komplex, der sehr kontrovers diskutiert wird.
Die Anwendbarkeit des Kausalitätsprinzips wird in Frage gestellt durch den Hinweis auf die subjektiven Gründe von Handlungen oder durch die Forderung, geschichtsspezifische Gesetze zu entwickeln, die "von dem geschichtlich-situativen Kontext ihrer Anwendung nicht abstrahieren" (v. Brentano, D.,1980, S.20). Von anderen Autoren wird die Meinung vertreten, daß historische Erklärungen unter Verwendung allgemeiner Gesetze erfolgen sollen.

Ohne auf diese Diskussion näher einzugehen, sei darauf hingewiesen, daß die Erklärung der Konsumgenossenschaftsentstehung hier auf der Grundlage deduktiv-nomologischer, sozialwissenschaflicher Theorien erfolgen soll, wobei zu berücksichtigen ist, daß diese nicht unkritisch auf historische Ereignisse und Zusammenhänge übertragen werden dürfen.

Ein weiterer Gesichtspunkt, der in dieser Analyse berücksichtigt werden muß, ist der, daß zur Erklärung der Konsumgenossenschaftsentstehung deren Existenz gedanklich nicht bereits vorausgesetzt werden darf. Das Zielsystem einer Genossenschaft ist vor deren Entstehung höchstens als Erwartung, als Idee existent, nicht jedoch als konkrete Realisierung. In den Sozialwissenschaften werden Erklärungen aber häufig gerade auf der Grundlage schon realisierter Zielsysteme, Konsequenzen und Mechanismen vorhandener Strukturen analysiert (Merton, R.K., 1974, S.222). Hier wird demgegenüber angestrebt, die Genossenschaftsentstehung aus Faktoren abzuleiten, die ihrer Gründung vorausgegangen sind und somit die "Wirkursachen" dieses Ereignisses darzustellen (v. Brentano, D., 1980, S.47).

1.2.2.2. Auswahl des Erklärungsansatzes

Ein Ansatz der Genossenschaftsforschung, der den oben formulierten Anforderungen gerecht zu werden versucht, ist die 1980 erschienene Arbeit Dorothee von Brentanos "Grundsätzliche Aspekte der Entstehung von Genossenschaften". Die Autorin untersucht darin nicht nur die traditionelle und neuere Genossenschaftstheorie auf deren Brauchbarkeit zur Erklärung der Entstehungsbedingungen von Genossenschaften, sondern bezieht in ihren eigenen Ansatz zusätzlich eine "zweckmäßige Kombination der ökonomischen Theorie mit anderen sozialwissenschaftlichen Disziplinen" ein (v. Brentano, D., 1980, S.132). Dies hat den Vorteil, daß die Erklärung der Entstehung von Genossenschaften auf einer breiteren Grundlage basiert und dadurch besser geeignet ist, der Diskussion um die Selbstorganisation von Verbrauchern Anregungen zu liefern.
Die Erklärung der Bedingungen, die zur Gründung von Konsumgenossenschaften führten, erfolgt deshalb in der vorliegenden Arbeit in Anlehnung an von Brentanos Untersuchung.
Da deren Anspruch, die Geltung der theoretischen Aussagen durch Einbeziehung historischer Fakten zu überprüfen, meiner Meinung nach in manchen Punkten zu kurz gekommen ist, wurden an den entsprechenden Stellen weitere, möglichst zeitgenössische Quellen herangezogen, um damit die Stichhaltigkeit des Brentanoschen Erklärungsansatzes sicherzustellen und gegebenenfalls zu ergänzen.

Eine weitere Erklärung bleibt notwendig. Von Brentanos Untersuchung erklärt meines Erachtens nicht, warum Verbraucher im 19. Jahrhundert die Realisierung ihrer Interessen gemeinsam zu erreichen versuchten, und unter welchen Bedingungen und von wem die Idee der konsumgenossenschaftlichen Selbstorganisation entwickelt beziehungsweise übernommen wurde; deshalb wird in diesen Punkten von ihrem Ansatz abgewichen. Da in der Genossenschaftsforschung hierzu keine geeignete Erklärung gefunden werden konnte, wird auf Teile eines Ansatzes zurückgegriffen, mit dem Beckmann (M., 1979) die Entstehung sozialer Bewegungen zu erläutern versucht. Die Bedeutung, die von verschiedenen Autoren dem sozialreformerischen Gedanken für die Entstehung der Konsumgenossenschaftsbewegung zugemessen wird, rechtfertigt meines Erachtens dieses Vorgehen.

Es stellt sich allerdings die Frage, ob eine solch spezifische Theorie auch auf food-coops angewendet werden kann. Die Beantwortung dieser Frage erfolgt, indem die Vergleichbarkeit von Konsumgenossenschaften und food-coops anhand ihrer Ziele nachgewiesen wird.

An dieser Stelle muß eine weitere Abgrenzung erfolgen. Von Brentano gliedert ihre Arbeit in zwei Teile: sie nennt zunächst die Bedingungen, die dazu führten, daß Verbraucher konsumgenossenschaftsgeeignete Zielvorstellungen entwickelten und schließt daran die Voraussetzungen an, die erfüllt sein mußten, damit die Gründung tatsächlich vollzogen wurde.

Da der erste der genannten Teile bereits einen so breiten Raum einnimmt, wurde entsprechend der Zielsetzung der vorliegenden Arbeit darauf verzichtet, im vorgegebenen Rahmen auch auf den zweiten Teil der Brentanoschen Untersuchung einzugehen.

1.3. Methodisches Vorgehen zur Ermittlung der Daten über food-coops

Wie in Abschnitt 1.2. beschrieben, sollen anhand der Verbraucherselbstorganisationsform food-coop die Bedingungen überprüft werden, die nach der Genossenschaftstheorie zur Gründung von Konsumgenossenschaften geführt haben. Diese Überprüfung erfolgt anhand der Ergebnisse einer Befragung, die zu diesem Zweck unter Mitgliedern von food-coops durchgeführt wurde. Dabei wurden, um eventuelle Verzerrungen der Ergebnisse zu vermeiden, Mitglieder zweier verschiedener coops interviewt.

Die Ermittlung dieser Daten war allerdings mit einigen Schwierigkeiten verbunden. Diese bestanden zunächst darin, daß über die erst seit wenigen Jahren bestehenden food-coops fast keine Literatur zu finden war.

Bei ersten Gesprächen mit Mitgliedern von food-coops stellte sich außerdem heraus, daß viele der potentiellen Interviewpartner dem Vorhaben, food-coops zum Gegenstand einer wissenschaftlichen Arbeit zu machen, skeptisch gegenüberstanden. Diese Skepsis bezog sich einmal auf grundsätzliche Bedenken, die man der gegenwärtigen wissenschaftlichen Forschung entgegenbringt, da Wissenschaft als Instrument einer Gesellschaft betrachtet wird, mit der man nicht mehr uneingeschränkt einverstanden ist. Die meisten Gesprächspartner befürchteten außerdem, daß durch diese Arbeit Informationen in "falsche Hände" gelangen könnten.

1.3.1. Auswahl der Befragungsmethode

Unter den genannten Umständen kam eine Erhebung der Daten mittels eines Fragebogens nicht in Betracht; die Rücklaufquote wäre zu gering gewesen. Auch die Methode des Interviews, worunter man im allgemeinen strukturierte und standardisierte zielgerichtete Gespräche versteht (Friedrichs, J.,1973, S.208), war in diesem Fall nicht anwendbar.
Es wurde deshalb auf die Methode der mündlichen Befragung in Form einer "offenen Befragung" zurückgegriffen. Kennzeichen dieser Art von Interviews sind nicht-standardisierte Fragen und ein geringes Maß an Strukturierung. Dieses Verfahren wird bevorzugt angewandt, wenn vom Befragten genauere Informationen gewünscht werden, wobei besondere Rücksicht auf dessen Perspektive und Sprache genommen werden kann und der Interviewer außerdem die Möglichkeit hat, eine den spezifischen Problemen und Bedürfnissen des Interviewpartners angemessene Befragung durchzuführen. Dem Befragten ist bei diesem Vorgehen die Gelegenheit gegeben, den Antwortspielraum selbst zu erweitern, wenn ihm dies nötig erscheint. Solche Interviews werden anhand eines Gesprächsleitfadens geführt. Dieses nur grob strukturierte Schema erlaubt es, die Fragen entsprechend der jeweiligen Gesprächssituation zu formulieren und anzuordnen oder nachzufragen (Friedrichs, J., 1973, S.224).
Aufgrund dieser Methode und dem wiederholten Versprechen, alle Daten anonym zu veröffentlichen, war es schließlich möglich, eine Befragung durchzuführen. Aus diesem Grund werden die beiden untersuchten food-coops im folgenden mit "a" und "b" bezeichnet.

Da, wie bereits erwähnt, über die Entstehungsbedingungen von food-coops keine Literatur zu finden war, auf die bei der Erstellung des Gesprächsleitfadens hätte zurückgegriffen werden können, wurde dieser zunächst anhand der Kenntnisse über die Bedingungen, die bei der Entstehung von Konsumgenossenschaften eine Rolle gespielt hatten, formuliert. Im Lauf der Befragungen wurde er aufgrund der Antworten der Gesprächspartner überprüft und gegebenenfalls erweitert.

1.3.2. Auswahl und Anzahl der Gesprächspartner

Bei der Auswahl der Gesprächspartner wurde versucht, möglichst alle Personen zu befragen, die an der Gründung der beiden food-coops beteiligt waren, was jedoch nicht gelang. Zwar konnten in beiden Fällen die Initiatoren interviewt werden, von den Gründungsmitgliedern waren jedoch nur sehr wenige erreichbar. Nach Angaben von Mitgliedern der coops war ein Teil von ihnen vorwiegend aus beruflichen Gründen aus den coops ausgeschieden, andere wurden zum Zeitpunkt der Interviews nicht angetroffen beziehungsweise lehnten es ab, an der Befragung teilzunehmen.
Aus diesem Grund, und um feststellen zu können, ob zwischen Initiatoren und später in die coops eingetretenen Personen Unterschiede bestehen, wurden zusätzlich weitere coop-Mitglieder interviewt. Diese Gesprächspartner wurden während der Öffnungszeiten der food-coops, ohne eine bewußte Auswahl zu treffen, um ein Interview gebeten.

Da es sich bei den zu befragenden Personenkreisen um relativ homogene Gruppen mit ähnlichen Interessen handelte, war bereits nach den ersten 25 Interviews eine starke inhaltliche Übereinstimmung der Antworten festzustellen. Nachdem sich in weiteren Gesprächen keine zusätzlichen Aspekte mehr ergaben, wurde die Befragungsaktion nach insgesamt 35 Interviews abgeschlossen, was 26% der gesamten Mitglieder entsprach. Unter den Befragten befanden sich jeweils vier Initiatoren der food-coops a und b.

1.3.3. Durchführung der Interviews

Die Interviews wurden zwischen Mitte Juni und Mitte Juli 1981 in zwei food-coops in süddeutschen Großstädten durchgeführt. Mit Ausnahme von vier Interviews, die in den Privatwohnungen der Gesprächspartner stattfanden, wurden alle anderen Gespräche in den Räumen der coops abgehalten. Sie dauerten jeweils zwischen 30 und 70 Minuten. Die Protokollierung wurde mit einem Cassettenrekorder vorgenommen.

1.3.4. Die Ermittlung der Mitgliederstruktur

Zur Ermittlung der Mitgliederstruktur wurden in den coops kurze Fragebögen ausgelegt (vgl. Anhang), deren Rücklaufquote, wie erwartet, jedoch sehr gering ausfiel.
Nur durch die Unterstützung einiger Mitglieder und der Zusicherung, alle Daten anonym zu veröffentlichen, gelang es schließlich, eine Rücklaufquote von 67% für food-coop a und von 100% für food-coop b zu erzielen.

2. DIE "UNORGANISIERBARKEITSTHESE"

In der kontroversen Diskussion um die Fähigkeit oder das Unvermögen von Verbrauchern, sich selbst zu organisieren, werden vor allem folgende Argumente immer wieder vorgebracht, um die Unorganisierbarkeit von Verbrauchern zu beweisen.

2.1. Verbraucher sind keine abgrenzbare soziale Gruppe

Nach Offe müssen die folgenden zwei Voraussetzungen erfüllt sein, wenn ein Interesse gemeinsam vertreten werden will: es muß organisations- sowie konfliktfähig sein (Offe, C., 1971, S.167).

Zunächst zur ersten der beiden genannten Voraussetzungen, der Organisationsfähigkeit.
Organisationsfähig sind Offe zufolge Interessen dann, wenn genügend motivationale und materielle Ressourcen aufgebracht werden können, die zur Errichtung eines Instruments, das der gemeinsamen Interessenvertretung dienen soll, notwendig sind.
Dies hängt davon ab, ob es "bestimmte, deutlich abgrenzbare Gruppen von Personen gibt, die aufgrund ihrer besonderen sozialen Position an der politischen Vetretung spezifischer Bedürfnisse interessiert sind" (Offe, C., 1981, S.167 f.). Erforderlich ist dies wiederum, da für Offe nur jene Interessen organisierbar sind, die ein Spezialbedürfnis einer bestimmten sozialen Gruppe darstellen.
Da nun aber jeder Mensch unserer Gesellschaft zwangsläufig auch Verbraucher ist, kann - dieser Argumentation nach - ein Verbraucherinteresse überhaupt nicht organisert werden. Unterstützt wird diese Prognose durch folgende Aussage: Lebensbedürfnisse, die der Gesamtheit der Individuen zugeordnet werden können, also nicht Bedürfnisse von klar abgrenzbaren Status- oder Funktionsgruppen darstellen, sind sogar "schwerer beziehungsweise überhaupt nicht unmittelbar zu organisieren" (Offe, C., 1971, S.168).

Als zweite Voraussetzung nennt Offe die notwendige Konfliktfähigkeit eines Interesses. Die Konfliktfähigkeit resultiert aus Machtumfang; je grösser der Machtumfang, desto ausgeprägter ist die Konfliktfähigkeit. Machtumfang wird determiniert von der Marktmacht, die einer Gruppe zur Verfügung steht, den Informationen, mittels derer sie die Öffentlichkeit über eine gezielte Interessenpolitik beeinflussen kann, und der Möglichkeit, Leistungen kollektiv zu verweigern beziehungsweise eine system-relevante Leistungsverweigerung glaubhaft anzudrohen (Offe, C., 1971, S.169; Widmaier, H.P., 1976, S.58). Da dieser Aspekt meiner Ansicht nach weniger auf die Organisierbarkeit als vielmehr auf die Durchsetzbarkeit eines Interesses abzielt, werde ich im folgenden darauf nicht weiter eingehen.

2.2. Den Verbrauchern fehlt ein entsprechendes Bewußtsein

Nach Beat Huber muß eine "Transparenz der Interessenlage" vorhanden sein, wenn es zur Organisation von Interessen kommen soll. Das heißt, der Betroffene muß seine wirtschaftliche und/oder soziale Lage innerhalb der Gesellschaft reflektiert und die eigene Position darin bestimmt haben, sowie außerdem einen situationsbezogenen Wunsch nach Beibehaltung oder Veränderung seiner Lage entwickeln.
Auch Offe weist darauf hin, daß potentiellen Mitgliedern einer Gruppe das zu vertretende Interesse "hinreichend deutlich und wichtig sein muß" (Offe, C., 1971, S.168).
Karstens bezweifelt, daß diese Anforderung von Verbrauchern erfüllt werden. Seiner Meinung nach mißt ein großer Teil der Öffentlichkeit der Durchsetzung von Verbraucherinteressen nämlich keine größere Bedeutung zu (Karstens, W., 1980, S.1-35).

2.3. Verbraucherinteressen sind zu heterogen

Als weitere wesentliche Bedingung für die Organisierbarkeit von Interessen gilt ein Minimum an Homogenität des zu vertretenden Interesses. Dieser Forderung stehen jedoch in der Realität eine Vielzahl heterogener Verbraucherinteressen gegenüber:

- Verbraucherinteressen sind in der Zielrichtung und Dringlichkeit auf unterschiedliche Güter, Güterquantitäten, -qualitäten, -varianten, -kombinationen gerichtet;

- auf dem Markt treten verschiedene Kategorien von Verbrauchern auf, die sich hinsichtlich Geschlecht, Alter, Schicht etc. unterscheiden;

- außerdem verfügen die einzelnen Konsumenten über unterschiedliche finanzielle, zeitliche und geistige Ressourcen (Wiswede, G.,1972, S.318).

Eine Verbraucherorganisation wäre überfordert, wollte sie allen möglichen Bedürfnissen von Konsumenten gerecht werden. Konsequenterweise wird sie sich also nur einer begrenzten Anzahl zuwenden können. Das führt dazu, daß sich nur ein kleiner Teil von Verbrauchern durch die von der Organisation vertretenen Interessen angesprochen fühlen wird, nämlich der, der die von der Organisation wahrgenommenen Interessen teilt. Nur diese Konsumenten also werden eine Bereitschaft zur Organisation zeigen.
Erschwerend kommt hinzu, daß Verbraucherinteressen eine mangelnde zeitliche Konstanz aufweisen. Diese Entscheidung wird zurückgeführt auf Differenzierungs- und Geltungsstreben der Verbraucher sowie auf die von der Anbieterseite geförderte Tendenz zur Individualisierung des einzelnen Verbrauchers durch beispielsweise Produktdifferenzierungen, Werbung und Modewechsel. Die genannten Organisationshemmnisse treten zudem meist kumulativ auf, was Volz zur Prognose veranlaßt, daß "die Organisierung der Verbraucher in großem Umfang als Mitglieder einer Interessenvereinigung auch für die Zukunft als wenig wahrscheinlich angesehen werden muß!" (Volz, H., in: Stauss, B., 1980, S.136).

Die zweite von Wiswede angeführte Heterogenitätskomponente findet sich auch bei Kaiser. Danach verursachen unterschiedliche, dem jeweiligen sozialen Status entsprechende Konsumformen diametral entgegengesetzte Interessen, die eine einheitliche Organisation sprengen müßten (Kaiser, J.H., 1956, S.166). Zieht man aus diesen Überlegungen die Konsequenz, der Organisation eine möglichst allgemeine Zielsetzung zu geben, hält Schmölders dem entgegen, daß "der Organisationsgrad um so niedriger, je spezieller die zu vertretenden gemeinsamen Interessen sind" (Schmölders, G., 1980, S.136).

In der dritten genannten Heterogenitätskomponente sieht Stauss kein typisches Problem von Verbraucherorganisationen (Stauss, B., 1980, S.136). Auf eine eingehende Erläuterung dieses Aspektes wird daher verzichtet.

2.4. Das Konsumenteninteresse wird vom Produzenteninteresse dominiert

Nach Böhm schließen sich Menschen immer nur zur Wahrnehmung partikulärer Interessen zusammen. Intrapersonale Konflikte ergeben sich demnach bei der Organisation von Arbeitgeber- und Arbeitnehmerinteressen kaum, da Menschen meist entweder Arbeitnehmer oder Arbeitgeber sind.
Schwierigkeiten sieht Böhm jedoch, sobald eine Verbraucherorganisation gegründet werden soll, da seiner Meinung nach das organisierte Produzenteninteresse immer das organisierte Konsumenteninteresse dominiert. Der Autor erklärt seine These damit, daß Menschen als Produzenten an der Herstellung

nur weniger Güter beteiligt sind. Nur durch den Produktionsprozeß können sie aber das für den Kauf der anderen Güter und Dienste - die sie brauchen, jedoch nicht selbst herstellen - benötigte Einkommen erwerben. "M.a.W.: Es ist ein völlig aussichtsloses Unterfangen, das Konsumenteninteresse der Mengen gegen ihr organisiertes Produzenteninteresse verbandsmäßig organisieren zu wollen " (Böhm, F., 1951, S.196).

2.5. Die Logik kollektiven Handelns

Als formal-theoretische Grundlage der Selbstorganisierbarkeit von Verbrauchern dient zur Zeit im überwiegenden Teil der konsumökonomischen Literatur das Modell kollektiven Handels von Mancur Olson (z.B. Biervert, B. et al, 1977; Czerwonka, C.. et al, 1976; Martiny, A. & Klein, O., 1977; Scherhorn, G., 1975). Olson versucht in seinem Modell die Bedingungen aufzuzeigen, unter denen Menschen mit gleichen Interessen diese gemeinsam zu verwirklichen versuchen.

Ob Verbraucher sich an der Bildung einer Selbstorganisation beteiligen oder nicht, hängt nach diesem Modell von folgenden Faktoren ab, wobei den Menschen rationales Handeln im eigenen Interesse unterstellt wird (Olson, M., 1968, S.2):

- dem individuellen/kollektiven Aufwand, der zur Bereitstellung des Kollektivgutes betrieben werden muß,

- dem Nutzeneinkommen und dessen Wahrnehmbarkeit im Verhältnis zum Aufwand,

- der Gruppengröße,

- der Intensität der Interessenlage einzelner Mitglieder,

- der Reaktionsverbundenheit,

- der Schaffung selektiver Anreize.

Grundsätzlich werden sich Verbraucher demnach dann selbst organisieren, wenn sie den Nutzen, den sie durch die Bereitstellung des Gutes erzielen, höher einschätzen als den dazu benötigten Aufwand. Da sich die genannten Faktoren je nach Anzahl der Mitglieder einer Gruppe spezifisch anders auswirken, unterscheidet Olson drei Arten von Gruppen.

1. Kleine, privilegierte Gruppen

In kleinen Gruppen scheint die Bereitstellung eines Kollektivgutes am ehesten gewährleistet zu sein, was Olson darauf zurückführt, daß in ihnen entweder jedes Mitglied oder doch zumindest eines von ihnen merken wird, daß der persönliche Gewinn aus der Bereitstellung des Kollektivgutes selbst dann noch größer sein wird als der Aufwand, wenn es die gesamten Bereitstellungskosten alleine tragen müßte (Olson, M., 1968, S.32).

Auch wenn die Mitglieder einer Gruppe gleiche Interessen haben, kann man nicht davon ausgehen, daß die Intensität an diesem Interesse bei allen in gleichem Maße ausgeprägt ist. Ein freiwilliger Beitrag zur Gruppe kann im allgemeinen aber nur im Rahmen des Interesses des einzelnen zu erwarten sein. Am günstigsten ist es daher für eine Gruppe, wenn die Intensität der Interessen ungleich verteilt ist (Olson, M., 1968, S.32).

Selbst in privilegierten Gruppen kann aber nicht davon ausgegangen werden, daß das gewünschte Kollektivgut in optimaler Menge bereitgestellt wird, was Olson auf folgende Verhaltensweisen von Individuen zurückführt, die vor allem im Zusammenhang mit großen Gruppen eine wichtige Rolle spielen: Definitionsgemäß können Kollektivgüter keinem Gruppenmitglied vorenthalten werden. Sobald ein Mitglied der Gruppe diese beschafft hat, können alle anderen Gruppenmitglieder sie ebenfalls in Anspruch nehmen. Vergegenwärtigt man sich nun Olsons Annahme, nach der Individuen rational handeln, so ergibt sich, daß jedes Gruppenmitglied versuchen wird, seinen eigenen Beitrag zur Gruppe so gering wie möglich zu halten beziehungsweise sogar die "free-rider-Position" einzunehmen, da es dem Rationalverhalten widersprechen würde, eine kollektive Organisation zeitlich und finanziell zu unterstützen, solange deren Leistungen dem einzelnen auch unabhängig von seinem eigenen Beitrag zur Verfügung stehen (Olson, M., 1968, S.35).

2. Mittelgroße Gruppen

Mittelgroße Gruppen nennt Olson jene Zusammenschlüsse von Individuen, in denen zwar kein einzelnes Mitglied einen "genügend großen Anteil am Gewinn erhält, um sich veranlaßt zu sehen, das Gut bereitzustellen" (Olson, M., 1968, S.49), die aber wiederum nicht aus so vielen Mitgliedern bestehen, daß fehlende Beiträge einzelner unbemerkt bleiben. Die Bereitstellung des Gutes kann genausogut erfolgen wie unterbleiben, das Ergebnis ist in beiden Fällen unbestimmt.

3. Große, latente, unorganisierbare Gruppen

Latente Gruppen sind vor allem dadurch gekennzeichnet, daß ein kollektives Gut mit Sicherheit nicht bereitgestellt wird (Olson, M., 1968, S.43). Dafür sind nach Olson drei Faktoren verantwortlich, die sich in ihrer Wirkung potenzieren:

1. Die zunehmende Größe einer Gruppe bringt es mit sich, "daß kein Mitglied fühlbar betroffen wird, wenn irgendein Mitglied zur Bereitstellung des Gutes beiträgt oder nicht beiträgt" (OLson, M., 1968, S.49). Aufgrund der fehlenden Reaktionsverbundenheit unter den Mitgliedern sieht sich keines veranlaßt, auf das Verhalten anderer zu reagieren. Warum sollte also unter diesen Umständen jemand einen Beitrag zur Erstellung des Kollektivgutes leisten ?
Diese Aussage gilt allerdings nicht ohne Einschränkung. Gruppen, in denen die Intensität an gemeinsamen Interessen stark ausgeprägt ist, und die ein besonders wertvolles Gut wünschen, werden sich damit eher versorgen können als andere Gruppen mit gleicher Mitgliederzahl, aber weniger stark entwickelten gemeinsamen Interessen.

2. In engem Zusammenhang mit diesem ersten Aspekt stehen folgende Überlegungen Olsons. Je größer eine Gruppe wird, desto weniger attraktiv wird es für einen einzelnen, im Gruppeninteresse zu handeln, da der Anteil des einzelnen am Kollektivgut mit steigender Personenzahl abnimmt. Kleinerer Anteil am Kollektivgut bedeutet für den Handelnden aber auch geringere Belohnung für gruppenorientiertes Handeln, wodurch es für größere Gruppen immer schwieriger wird, eine optimale Versorgung mit dem gewünschten Gut zu sichern (Olson, M., 1968, S.47).

3. Als weiterer Hinderungsgrund, der der Bildung großer Interessengruppen entgegenwirkt, ist die Entwicklung der Organisationskosten zu sehen.
Mit zunehmender Größe der Gruppe wird es immer schwieriger, eine Gruppenübereinkunft zu erzielen; mehr Absprache und Organisation werden notwendig, da die Zahl derer, die in die Gruppenübereinkunft und -organisation einbezogen werden müssen, zunimmt.
Damit latente Gruppen dennoch in den Genuß eines Kollektivgutes kommen können, schlägt Olson die Schaffung "selektiver Anreize" vor - eine weitere Möglichkeit, nämlich die, Zwang anzuwenden, bleibt hier außer Betracht. Solche Anreize müssen so gestaltet werden, daß Gruppenmitglieder, die sich an der Förderung des gemeinsamen Zwecks einer Gruppe beteiligen, anders behandelt werden, als solche, die dies

nicht tun.

Selektive Anreize können wirtschaftlicher Art sein oder auch in sozialen oder psychologischen Zielen liegen, "denn Menschen werden manchmal auch vom Wunsch geleitet, Prestige, Achtung oder Freundschaft (...) zu erlangen" (Olson, M., 1968, S.59).

3. NACHWEIS DER VERGLEICHBARKEIT VON KONSUMGENOSSENSCHAFTEN UND FOOD-COOPS

3.1. Darstellung der Konsumgenossenschaften

Wie bereits ausgeführt, besteht das Ziel dieser Arbeit darin, durch die Ermittlung der Entstehungsbedingungen von Konsumgenossenschaften und durch deren Überprüfung an einer aktuellen Verbraucherselbstorganisation zur Klärung der Frage beizutragen, unter welchen Voraussetzungen Verbraucher sich um die Realisierung ihrer Interessen selbst gemeinsam bemühen.

Die historische Einmaligkeit des Organisationstyps "Konsumgenossenschaft" sowie die Anwendung von Teilen der Beckmann'schen Theorie für die Erklärung der Entstehung von Konsumgenossenschaften legt es nahe, die für Konsumgenossenschaften relevanten Entstehungsbedingungen an einer Verbraucherselbstorganisation zu überprüfen, die Ähnlichkeiten mit dem genannten Typus aufweist.

Die Aufgabe des nächsten Abschnittes wird es daher sein, Parallelen aufzuzeigen, die zwischen Konsumgenossenschaften und food-coops existieren, was anhand eines Vergleiches der Definitionen und Zielsysteme dieser beiden Verbraucherselbstorganisationen erfolgen soll.

3.1.1. Definition des Begriffes "Konsumgenossenschaft"

Die Definition des Begriffes Konsumgenossenschaft ist mit einigen Schwierigkeiten verbunden, da sich in der Literatur je nach Standpunkt des Betrachters zum Beispiel rein ökonomische, soziologisch orientierte, sozialpolitische und weitere Begriffsbestimmungen nebeneinander befinden.

Neben ihrer verwirrenden Vielfalt weisen diese Definitionen nach v. Brentano jedoch ein wesentliches gemeinsames Charakteristikum auf (v. Brentano, D., 1980, S.61). In den Begriffen werden grundsätzlich Merkmale bestehender Genossenschaften angesprochen oder auch per Definition festgelegt. Als Grundlage für eine Analyse der Entstehungsbedingungen sind diese Definitionen deshalb nicht ohne weiteres brauchbar.

Dieses Nachteils wegen werden in dieser Arbeit jene Merkmale von Konsumgenossenschaften in einer Definition zugrunde gelegt, "über die es keinen Streit geben kann" (v. Brentano, D., 1980. S.63).

Nach Hasselmann handelt es sich dabei um folgende Merkmale:

> "1. Genossenschaften sind Personenvereinigungen, nicht Kapitalgesellschaften. Ihre Mitgliedschaft steht grundsätzlich allen Interessierten offen.

2. Ihre Verfassung ist demokratisch, ihre Mitglieder sind grundsätzlich gleichberechtigt.

3. Sie suchen ihren Zweck, die Förderung ihrer Mitglieder, durch einen gemeinsamen Geschäftsbetrieb zu erfüllen, der den Mitgliedern unmittelbar dient und deshalb als Dienstleistungsunternehmen auf die Inanspruchnahme durch die Mitglieder angewiesen ist. Dieser Geschäftsbetrieb stellt entweder eine Ergänzung der eigenen Wirtschaftsbetriebe der Mitglieder, ein Hilfsunternehmen für die Hauswirtschaft der Mitglieder oder einen auf gemeinsamen Arbeitseinsatz der Mitglieder beruhenden Gemeinschaftsbetrieb dar" (Hasselmann, E., 1971, S.1).

3.1.2. Der Zeitraum konsumgenossenschaftlicher Gründungen

Bevor auf die Darstellung der konsumgenossenschaftlichen Ziele eingegangen werden kann, ist es zunächst notwendig, den Zeitabschnitt festzulegen, der dieser Arbeit als Gründungszeitraum von Konsumgenossenschaften zu Grunde gelegt wird. Dies ist einmal erforderlich, um exakte Aussagen über die Ziele machen zu können; darüber hinaus ist es von Bedeutung, da in der Analyse der Entstehungsbedingungen, wie in Abschnitt 1.2.1. angegeben, der gesellschaftliche Kontext berücksichtigt werden soll.

In dieser Arbeit geht es nicht um die Erklärung der Neugründungen von Konsumgenossenschaften bis in die heutige Zeit, sondern vielmehr um die Erklärung der Entstehung jener Konsumgenossenschaften innovatorischen Charakters, die Mitte des 19. Jahrhunderts in Deutschland entstanden sind. Auf die Vorformen der mittelalterlichen Genossenschaften wird deshalb keine Rücksicht genommen, weil sie "für die späteren Genossenschaften nur wenig Bedeutung gehabt" haben (Schulte, M., 1980, S.6).
Im Hinblick auf die ersten konsumgenossenschaftlichen Gründungszeitpunkte sind in der Literatur unterschiedliche Auffassungen zu finden.
Totomianz sieht die ersten Versuche von Konsumenten, sich zu organisieren, in Deutschland Mitte der vierziger Jahre des letzten Jahrhunderts (Totomianz, V., 1929, S.155).
Schulte betrachtet die 1849 in Chemnitz gegründete "Allgemeine Assoziation" ebenso als erste nicht-caritative konsumgenossenschaftliche Organisation (Schulte, M., 1980, S.88) 1) wie Cassau, für den dieser "Produktenverteilungsverein", der für eine geschlossene Mitgliederzahl den gemeinsamen Einkauf ohne Lager und ohne Betrieb vornahm, "erstes Zeichen einer Konsumvereinsentwicklung" darstellt (Cassau, T.D., 1924, S.5).

Für Hasselmann dagegen zählt dieser Verein nicht; seiner Meinung nach wurde er nicht "zum Vorbild für andere Genossenschaftsgründungen und damit auch nicht zum Vorbild einer Bewegung" (Hasselmann, E., 1965a, S.15). Er sieht vielmehr in der Eilenburger "Lebensmittel-Association" von 1850 den "höchstwahrscheinlich" ersten Versuch von Verbrauchern, die Selbstversorgung von Organisationsmitgliedern mit Lebensmitteln auf genossenschaftlicher Grundlage zu organisieren (Hasselmann, E., 1971, S.68).
In der Mitte der Fünfziger Jahre siedelt Oschilewski die ersten Entstehungen von Konsumvereinen an, die er als "Frühform der Genossenschaften" bezeichnet (Oschilewski, W., 1953, S.22).
Von Brentano stimmt mit Hasselmanns Ansicht überein, nach der die Zeit zwischen 1850 und 1863 als erster Abschnitt konsumgenossenschaftlicher Entwicklung in Deutschland betrachtet werden kann (v. Brentano, D., 1980, S.56; Hasselmann, E., 1971, S.109). Dieser Zeitraum "ersten konsumgenossenschaftlichen Lebens" war gekennzeichnet durch die "Zusammenhangslosigkeit der einzelnen konsumgenossenschaftlichen Versuche", deren geringe Durchschlags- und Anziehungskraft, sowie durch fehlende sozialreformerische und gesellschaftskritische Zielsetzungen. Von den über 140 in diesem Zeitraum gegründeten Kosumvereinen verschwanden schon nach kurzer Zeit wieder sehr viele (Hasselmann, E., 1971, S.109/110).
Das änderte sich ab 1864, als die Konsumgenossenschaften einen ersten Aufschwung erreichten (Schulte, M., 1980, S.96). "Die Sechziger Jahre waren in einem besonderen Sinne Saatzeit für die Genossenschaftsidee und Zeit des Aufbruchs für die Konsumgenossenschaftsbewegung" (Hasselmann, E., 1965a, S.15). Es wurden die ersten Versuche unternommen, konsumgenossenschaftliche Verbände zu bilden - 1864 der Verband der Konsumvereine in der Provinz Brandenburg, 1867 der Verband der Konsumvereine in Sachsen sowie der Verband deutscher Konsumvereine in Stuttgart, denen in den darauffolgenden Jahren weitere Verbandsgründungen folgten (Oschilewski, W., 1953, S.201). Ab dieser Zeit begannen sozialreformerische Gedanken bei den Konsumgenossenschaften eine Rolle zu spielen (Hasselmann, E., 1971, S.4). Die Mitglieder begannen in ihnen ein Instrument zu sehen, das zur Veränderung der bestehenden Gesellschaftsordnung beitragen konnte.
Da dieser Aspekt einen nicht unwesentlichen Grund dafür darstellt, daß die konsumgenossenschaftliche Idee nicht wieder unterging, sondern erhalten blieb und sich sogar durchzusetzen begann, werden unter der Gründungszeit

---

1) Über das Gründungsdatum der Chemnitzer Assoziation liegen widersprüchliche Angaben vor. Während Hasselmann das Jahr 1845 als Gründungszeitpunkt angibt, weist Schulte auf die Arbeiten von Lüdecke und Huß hin, die aufzeigen, daß diese Annahme nicht zutrifft und stattdessen das Jahr 1849 als Gründungsjahr anzusehen ist (Schulte, M., 1980, S.221, Fußnote 138).

in dieser Arbeit die Fünfziger und Sechziger Jahre des 19. Jahrhunderts verstanden.

Die Gründungszeit findet Ende der Sechziger Jahre ihren Abschluß in der Erlassung des Gesetzes "betreffend die privatrechtliche Stellung der Erwerbs- und Wirtschaftsgenossenschaften" 1867 in Preußen, das 1868 als norddeutsches Bundesgestz und 1871 auch im süddeutschen Raum übernommen wurde. Die Einführung dieses Gesetzes bringt zum Ausdruck, daß aus den Genossenschaften mehr geworden ist als eine vorübergehende Erscheinung, daß sie außerdem eine gewisse Stabilität aufweisen, die für die Gründungszeit typische Phase des Experimentierens also im wesentlichen abgeschlossen zu sein scheint.

3.1.3. Das konsumgenossenschaftliche Zielsystem

Unter Zielen werden angestrebte Zustände und/oder Prozesse verstanden, während Zielsysteme als Menge von Zielen definiert werden, die durch Beziehungen miteinander verbunden sind (Raffée, H., 1974, S.121). Diese Beziehungen werden oft in einem hierarchischen System angeordnet. Ober- und Unterziele stehen darin in einer Zweck-Mittel-Relation, das heißt jede Zielgruppe niederer Ordnung stellt ein Mittel zur Realisierung der nächst höheren Zielgruppe dar (Blosser-Reisen, L., 1976, S.78). In Anlehnung an dieses Schema wird im Folgenden die Darstellung der konsumgenossenschaftlichen Ziele vorgenommen.

Eine konkrete Rekonstruktion konsumgenossenschaftlicher Ziele erweist sich insofern als schwierig, als "faktenbezogene Quellen" über die konsumgenossenschaftliche Gründungsphase kaum zur Verfügung stehen (Schulte, M., 1980, S.7).

Die frühe Geschichtsschreibung der Genossenschaften ist nur eingeschränkt verwendbar, da sie einmal beeinflußt ist von den Erfahrungen der Konsumgenossenschaftspioniere, die - wie bereits erwähnt - oft nicht der Schicht entstammten, für die die Konsumgenossenschaften errichtet wurden, und zum anderen von der "starken Dominanz politisch-ideeler, der Aufklärung verhafteter Vorstellungen" geprägt ist (Schulte, M., 1980, S.6).

In der traditionellen Geschichtsschreibung dominieren Berichte über politische Entscheidungen, Ereignisse und "große" Männer, da man lange der Ansicht war, daß die Aufgabe der Historie darin besteht, "das Individuelle und Einmalige in der Welt zu verstehen" (v. Brentano, D., 1980, S.17), weshalb auch von dieser Seite keine umfangreichen Informationen zu erwarten sind.

Die hier formulierten Ziele wurden aus diesen Gründen aus Darstellungen der Genese gewonnen, die erst viele Jahre nach der Gründungszeit verfaßt wurden. Lokale Besonderheiten bleiben deshalb unberücksichtigt. Weiter bleiben christlich-orientierte Ansätze innerhalb der Konsumgenossenschaftsbewegung außer Betracht; der erste christlich-gewerkschaftliche Konsumverein wurde im Jahre 1901 gegründet, also zu einem Zeitpunkt, der nicht in den hier betrachteten Gründungszeitraum fällt.

Die einzelnen Konsumgenossenschaften hatten sich die unterschiedlichsten Ziele gesetzt. Sie reichten vom Anspruch, eine "Weltverbesserung im Bereiche des Sozialen und Wirtschaftlichen" herbeiführen zu wollen (Albrecht, G., 1965, S.86) bis zur Forderung, für die Konsumvereinsmitglieder "unverfälschte und qualitativ gute Lebensmittel" zu beschaffen (Auerbach, I., 1949, S.13).

Schaubild 1: Das konsumgenossenschaftliche Zielsystem

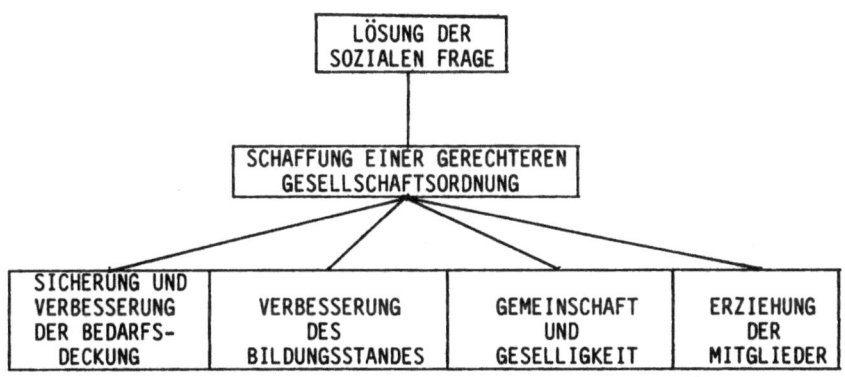

Schaubild 1 gibt einen Überblick über die konsumgenossenschaftlichen Ziele. Dabei kann zwar nicht davon ausgegangen werden, daß jedes Mitglied den Anspruch hatte, mittels der Konsumvereine die soziale Frage lösen zu wollen, doch sollte man die Bedeutung der übergeordneten Zielsetzung nicht unterschätzen. Es "darf nicht übersehen werden, daß die Gesellschaftskritik und der Wille zur Sozialen Reform am Anfang der Konsumgenossenschaftsbewegung gestanden haben" (Hasselmann, E., 1971, S.2).

3.1.3.1. Übergeordnete Zielsetzung: Die Lösung der sozialen Frage

Da die Beschreibung der gesellschaftlichen Situation vor und zur Zeit der Entstehung der ersten Konsumgenossenschaften an einer späteren Stelle ausführlicher erfolgt, wird das Problem der sozialen Frage, um Wiederholungen zu vermeiden, hier nur skizziert.

Im 19. Jahrhundert setzte sich auch in Deutschland allmählich der Prozeß der Industrialisierung durch. Die damit einhergehenden Veränderungen brachten den Menschen jedoch nicht nur Vorteile.
Die Liberalisierung der Gewerbeordnung und die damit verbundene Auflösung der Ständegesellschaft, Aufhebung von Ehebeschränkungen und die zu geringe Aufnahmefähigkeit der im Verhältnis zum Bevölkerungszuwachs noch relativ schwach ausgeprägten Industrie, die andererseits jedoch bereits so stark war, daß immer mehr Handwerksbetriebe ihrer Konkurrenz erlagen, trugen dazu bei, daß sich die sozioökonomische Situation vieler Menschen verschlechterte (Conze, W., 1968, S.123).
Die Reform der Agrarverfassung löste zwar die Abhängigkeitsverhältnisse der Bauern von ihren Herren, was den Menschen auf dem Land persönliche Freizügigkeit und Binnenwanderung ermöglichte, doch brachte dies für die Bauern ebenso wie die durchgeführte Neuverteilung des Landes auch starke Belastungen mit sich. Durch die liberale Wirtschaftsverfassung war es weiter möglich, daß unterhalb der Ebene der Bauern und Gutsbesitzer eine neue ländliche Schicht entstand. Diese Menschen besaßen kein Land, Arbeit erhielten sie nur kurzfristig und sporadisch - Gründe, die unter anderem dazu führten, daß immer mehr Menschen vom Land in die Städte strömten, wo sie die Zahl der Manufaktur- und Fabrikarbeiter und die der Arbeitslosen noch erhöhten (Schulte, M., 1980, S.43/44). Die sowieso schon unzureichenden Löhne - sie reichten oft kaum für das Existenzminimum aus -, lange Arbeitszeiten, ausgedehnte Frauen- und Kinderarbeit, katastrophale Wohn- und Arbeitsverhältnisse verschärften in Zeiten von Wirtschaftskrisen oder Mißernten den Gegensatz zwischen Arbeitnehmern und Unternehmern noch weiter (Hasselmann, E., 1965b, S.7).
Der großen Zahl von Arbeitern standen einige wenige Produzenten gegenüber. Diese "Produzenten waren 'frei', Monopole zu bilden (...), sie waren 'frei', Kosten, Preise und Produktion zu beeinflussen und zu bestimmen. Sie waren schließlich 'frei', Macht zusammenzuballen" (Buss, E.,1970, S.254).

Die Auflösung der Großfamilien, die zunehmende Rolle, die das Gewinnstreben im sozialen Leben einnahm, führten dazu, daß an die Stelle gewohnter sozialer Interaktionsmuster eine zunehmende Desintegration und der Verlust der sozialen Sicherung des einzelnen traten (Buss, E., 1970, S.252-254). Gegen diese Mißstände wollte man angehen. Die "Hebung des Arbeiterstandes, eine Hebung, die sich auf das geistige, sittliche und materielle Gebiet erstrecken sollte" (Schulte, M., 1980, S.98), wollte man mittels des genossenschaftlichen Prinzips oder der auf Selbsthilfe gegründeten Assoziation der Betroffenen verwirklichen. In den Konsumgenossenschaften sah man eine entscheidende Hilfe zur Lösung der sozialen Frage (Engelhardt, W.W., 1968, S.302; Hasselmann, E., 1971, S.100; Hesselbach, W., 1971, S.64).

3.1.3.2. Oberziel: Schaffung einer gerechteren Gesellschaftsordnung

Die Ansichten darüber, wie eine gerechtere Gesellschaftsordnung aussehen sollte, gingen weit auseinander. Man war sich aber darüber einig, daß Konsumgenossenschaften einen ersten Schritt zu deren Realisierung bedeuteten. Im Hinblick auf die Fragestellung dieses Abschnitts erscheint es mir nicht notwendig, auf die Ansichten im einzelnen einzugehen, weshalb hier nur einige grundsätzliche Aspekte angesprochen werden.
"Der Markt, in der Form, wie man ihn erlebte, wurde als feindlich empfunden, und von daher haben die Genossenschaften von vornherein einen sozialreformerischen Zug entwickelt" (v. Oppen, D., 1959, S.20).
Es lassen sich zwei grundsätzlich verschiedene Positionen unterscheiden, wie man die bestehenden Verhältnisse überwinden wollte:

- durch die Reform des bestehenden Marktes,
- durch seine grundsätzliche Verneinung.

Durch die Reform des bestehenden Marktes, eine Position, die vor allem von Schultze-Delitzsch und seinen Anhängern vertreten wurde, sollten - unter grundsätzlicher Bejahung der freien Marktwirtschaft - die bisher unterlegenen Marktpartner zur Konkurrenz befähigt werden. Schulze-Delitzsch ging davon aus, daß die "Übelstände (...) nicht sowohl von der Konkurrenz, als vielmehr von deren Gegenteil, nämlich davon herrühren, daß der unbemittelte Arbeiter mit dem Kapitalisten eben nicht zu konkurrieren vermag" (Schulze-Delitzsch, H., in: v. Oppen, D., 1959, S.21).
Von den Konsumvereinen erhoffte man sich eine Überwindung der Gegensätze im Sinne des Mittelstandsdenkens.

Die eben geschilderte Ansicht fand unter den Mitgliedern der Konsumgenossenschaften weniger Verbreitung als die zweite genannte Position (Aschhoff, G., 1965, S.49; v. Brentano, D., 1980, S.67; Engelhardt, W.W., 1968, S.303; Grünfeld, E., 1928, S.48). Viele der Konsumvereine standen in früherer Zeit sozialreformerischen Gedanken nahe (v. Oppen, D., 1959, S.21).
An die Stelle der Produktion für den Markt sollte eine "gemeinnützige, ge-

nossenschaftliche Bedarfsdeckungswirtschaft der Produktion für den organisierten Konsum" treten (Kaufmann, H., in:v. Oppen, D., 1959, S.21). Man wollte eine Wirtschaft, die vom Bedarf her aufgebaut sein sollte (Engelhardt, W.W., 1968, S.304). Alle Mitglieder der Gesellschaft sollten gleiche Chancen des Mitwirkens erhalten sowie gleiche Chancen, von den Vorteilen der Wirtschaft zu profitieren. Die Vorzugsstellung des Kapitals, das Gewinnstreben sollten zurücktreten hinter den Menschen (Auerbach, I., 1949, S.1). Die den Verbrauchern fehlende Möglichkeit, Einfluß zu nehmen, wollte man ersetzen durch eine weitgehend direkte Teilnahme am Wirtschaftsgeschehen (Hasselmann, E., 1965a, Vorwort S.2). Es wurde eine sich dynamisch entwickelnde Wirtschaft angestrebt, in der die Verwaltung von den Mitgliedern selbst demokratisch gestaltet, und "in der sowohl die Herrschaft des Kapitals über die Geschäftsführung, wie die Verfügungsgewalt des Kapitals über den Gewinn ausgeschaltet" sein sollte (Konsumgenossenschaft Dortmund-Hamm-Bochum, 1967, S.7). Die gesamte Wirtschaft sollte letzten Endes "vergenossenschaftet" werden (Hasselmann, E., 1965a; Vorwort S.3).

In den Konsumgenossenschaften sah man ein geeignetes Instrument zur Erreichung dieser Ziele. Dadurch, daß in ihnen der Verbraucher "seine eigenen Angelegenheiten in die eigenen Hände nimmt" (Peel, R., in: Hasselmann, E., 1965a, Vorwort S.2) wird er sein eigener Unternehmer, wird der Gegensatz zwischen Produzent und Verbraucher aufgehoben, wodurch der Verbraucher vom Objekt der Wirtschaft zu deren handelndem, mitbestimmendem Subjekt wird.

3.1.3.3. Unterziele

1. Sicherung und Verbesserung der Bedarfsdeckung

Mit der Verbesserung der materiellen Situation der Konsumvereinsmitglieder wollte man nicht warten, bis die gerechtere Gesellschaftsordnung verwirklicht sein würde. Die Errichtung der Konsumgenossenschaften sollte unmittelbar Auswirkungen zeigen (Engelhardt, W.W., 1968, S.302), wobei man im Kampf für die materiellen Interessen der Mitglieder auch den Kampf für ihre gesellschaftliche Gleichberechtigung sah (Hasselmann, E., 1971, S.2). Das wichtigste Ziel aller Konsumvereine bestand deshalb von Anfang an in der Schaffung materieller Erleichterungen, in der Sicherung und Besserung der Bedürfnisbefriedigungsbasis der Mitglieder (Konsumverein Lörrach, in: Hasselmann, E., 1965a, S.24; Schulte, M., 1980, S.182).

Diese "Erzielung wirtschaftlicher Vorteile" (Kaufmann, H., 1911, S.13) wollte man erreichen durch

- die Beschaffung <u>billiger Lebensmittel</u>, sowie auf längere Sicht durch eine <u>Einwirkung auf das Preisniveau</u> (Hasselmann, E., 1965a, S.26). So wurde beispielsweise in Göppingen dazu aufgerufen, "Consumvereine zur Anschaffung besserer und billigerer Lebensbedürfnisse zu gründen, damit endlich das schon so oft ausgesprochene Prinzip der Selbsthülfe auch bei uns anfange, zur wirklichen Thatsache zu werden" (Göppinger Wochenblatt, 1864, in: Huß, H.-P., 1977, S. 298).

- Die Beschaffung <u>unverfälschter</u> und <u>qualitativ guter Lebensmittel</u> sowie die <u>Sicherung</u> der <u>Qualität</u>.
Da die Nahrungsmittelversorgung von teilweise sehr unsozialen Auswüchsen gekennzeichnet war - so war es beispielsweise keine Seltenheit, daß im "Zucker mitunter nicht nur Mehl, sondern auch Kreide und Gips zu finden war, daß die Butter manchmal bis zu 26% aus Nichtfetten bestand" (Hasselmann, E., 1971, S.36) - gewinnt die "Gewißheit, unverfälschte, die Gesundheit nicht gefährdende Nahrungsmittel zu kaufen" in der Zeit der Genossenschaftsgründungen an Bedeutung (Weuster, A., 1980, S.488).

- Die Schaffung der Möglichkeit, <u>Ersparnisse zu bilden</u> (Huß, H.-P., 1977, S.325; Weuster, A., 1980, S.487). Mit der Möglichkeit, Ersparnisse zu bilden, verfolgte man zwei Absichten:
1. bot sich damit den Mitgliedern die Chance, "Besitz zu erwerben und dadurch zu einer Besserung ihrer materiellen Lage zu kommen" (Auerbach, I., 1949, S.15), und
2. war damit gewährleistet, daß die Konsumvereine sich aus eigener Kraft entfalten konnten: die Konsumvereine konnten sich durch die Ersparnisse der Mitglieder auf eine feste materielle Grundlage stellen, ohne die der eigene Geschäftsbetrieb nicht möglich gewesen wäre (Hasselmann, E., 1964, S.27).
Die Absicht, zur Verbesserung der Einkommensverwendung beizutragen, zeigt sich auch darin, daß die Konsumvereinsmitglieder darum bemüht waren, eine Bezugsstätte zu schaffen, der Vertrauen entgegengebracht werden konnte.
Viele Konsumenten waren in jener Zeit darauf angewiesen, einen vertrauenswürdigen Händler in der Nähe ihrer Wohnung zu finden, da sie weder über ausreichende Kenntnisse für Qualitätsprüfungen verfügten, noch sich die Zeit für Qualitäts- oder Preisvergleiche nehmen konnten. Selbst wenn diese Voraussetzungen gegeben waren, konnten sich die Kunden doch nicht vor überhöhten Handelsspannen schützen. In den Verteilungsstellen der Konsumgenossenschaften war die Möglichkeit geboten, diese Kaufrisiken zu reduzieren, da die "Träger-Kunden-Identität" und die vor allem anfangs weitgehend vorhandene "Kunden-Funktionsträger-Identität (Weuster, A., 1980, S.492) den Konsumenten das Gefühl von Sicherheit und Vertrauen gab.

2. Verbesserung des Bildungsstandes

In den Konsumgenossenschaften sah man - wie in den übergeordneten Zielen bereits zum Ausdruck gekommen ist - von Anfang an mehr als ein Mittel zur Verbesserung der ökonomischen Notlage. Als weitere wichtige Aufgabe betrachtete man die Bildung der Mitglieder (Freitag, F., 1967, S.88), da man sich gerade von vermehrten Bildungsanstrengungen die erstrebten Aufstiegsmöglichkeiten versprach.
Eine erfolgreiche Selbsthilfe war ohne eine Hebung des Bildungsniveaus der Mitglieder nicht möglich (Hasselmann, E., 1965b, S.81). Die Menschen mußten fähig sein, ihre Lage innerhalb des gesamten Wirtschaftslebens zu erkennen, und die möglichen Vorteile wahrnehmen können, wenn es zu Zusammenschlüssen Gleichgesinnter kommen sollte (Auerbach, I., 1949, S.7).
Darüberhinaus waren Wissen und Können wichtige Voraussetzungen für eine Durchsetzung der Konsumgenossenschaften auf dem Markt. "Genossenschaftliche Arbeit sollte somit immer zugleich auch Bildungsarbeit sein, ja die Bildungsarbeit muß genaugenommen der Genossenschaftsarbeit vorangehen" (Hasselmann, E., 1971, S.131).
Dieses Ziel hätte nicht verwirklicht werden können, hätten die Menschen in jener Zeit nicht von sich aus das Bedürfnis nach Bildung gehabt (Grünfeld, E., 1928, S.311). Die Menschen wollten sich bilden, wollten "eine Überschau über Lebenslage, Lebensordnung und Lebensboden" gewinnen (Weuster, A., 1980, S.497). Dieses Bedürfnis zeigt sich deutlich an der Entstehung der Arbeiterbildungsvereine, sowie an der oft engen Zusammenarbeit zwischen Konsumvereinen und den genannten Einrichtungen (beispielhaft: Konsumverein Lörrach, in :Hasselmann, E., 1965a, S.33 f.; Totomianz, V., 1928, S.157). Der Stuttgarter Consumverein legt in seiner Satzung von 1864 fest, daß ein Achtel des "Nutzens" (eine Art Gewinn) für Bildungszwecke bestimmt sind und "zu diesem Behufe dem Stuttgarter Arbeiterbildungsverein" zur Verfügung gestellt wird (Statuten des Stuttgarter Spar- und Consum-Vereins von 1864, in: Hasselmann, E., 1964, S.26). Der Elberfelder Consum- und Sparverein verwandte jährlich fünf Prozent seines Gewinns für die Bildung der Arbeiter (Aus einem Bericht der Gründungsvorbereitung und -durchführung des Consum- und Sparvereins Elberfeld. In: Schulte, M., 1980, S.208).

3. Gemeinschaft und Geselligkeit

Zur Zeit der Entstehung erster Konsumgenossenschaften bestand nach Schumacher ein "Hunger nach Gemeinschaft" (Schumacher, in: Weuster, A., 1980, S.496).
"Indem der Arbeiter sich mit Seinesgleichen verbindet, sucht er sich der wil-

den Jagd nach des Lebens Nothdurft zu entziehen, um im Vereine mit Anderen durch geordnete Anstrengung für sich und die Seinigen zu sorgen und gegen die furchtbarste Qual, die Unsicherheit in seinem Unterhalte, sich soviel als möglich zu schützen" (Eberl, F., 1866 in:Weuster, A., 1980, S.493). Die Mitglieder hatten die Hoffnung, in den Konsumgenossenschaften eine Atmosphäre von Vertrauen und Sicherheit zu finden (Draheim, G., 1955, S.21).

Ein nicht unbedeutender Aspekt konsumgenossenschaftlicher Zielsetzung bestand deshalb darin, in den Konsumvereinen einen Ort anzubieten, an dem Gemeinschaftsleben gepflegt werden konnte (Engelhardt, W.W., 1968, S.301). Das zeigt sich beispielsweise im Programm einer Versammlung der Wittener Volksbank und des Wittener Konsumvereins vom 22. Januar 1865, in dem unter anderem "Gesangsvorträge des Genossenschaftlichen Gesangsvereins" und die "Theateraufführung eines Lustspiels" des genossenschaftlichen Bildungs- und Unterhaltungsvereins vorgesehen sind (Konsumgenossenschaft Dortmund-Hamm-Bochum, 1967, S.7), oder an einem Bericht des Lörracher Konsumvereins aus dem Jahre 1868, in dem ausdrücklich darauf hingewiesen wird, daß es jedem Mitglied in einer der Verteilungsstelle angeschlossenen Wirtschaft möglich ist, "nach des Tages Arbeit in geselligem Kreise zu billigem Preise und mit Wohlbehagen ein Gläschen Markgräfler Wein rein unverfälscht zu geniessen" (Bericht des Allgemeinen Arbeiter- und Konsum-Vereins, Lörrach, in: Hasselmann, E., 1965a, S.34). Das Bedürfnis nach Gemeinsamkeit war zum Teil mit der Einstellung verbunden, "daß Selbsthilfe bei weithin fehlenden Voraussetzungen für Chancengleichheit (...) in der Regel nur als Kollektivselbsthilfe Erfolg verspricht" (Weuster, A., 1980, S.496).
Die Gemeinschaft wurde also auch als Instrument angesehen, mit dem das beschriebene Oberziel erreicht werden sollte.

4. Erziehung der Mitglieder

Im engen Zusammenhang mit dem genannten Bildungsziel stand im Hinblick auf die angestrebte Realisierung des Oberziels die Erziehung der Mitglieder. Die Verwirklichung einer gerechteren Gesellschaftsordnung setzte die "Hebung des Gemeinsinns" ebenso voraus wie die "Entwicklung eines Geistes der Verbrüderung" (Assoziationsbuch von 1853, in: von Oppen, D., 1959, S.32), die Entstehung von Verantwortungsbewußtsein oder die Entwicklung eines Solidaritätsgefühls (Freitag, F., 1967, S.33; Grünfeld, E., 1928. S.49, Wissmann, K., 1948, S.53). Nach Grünfeld sind Erziehung und Unterricht "insofern charakteristisch, als sie nicht nur den Genossen Kenntnisse praktischer Art vermitteln, sondern auch die ideellen Bestrebungen der Genossenschaften fördern wollen" (Grünfeld, E., 1928, S.45).

Ein weiteres Ziel der Konsumgenossenschaften bestand darin, zur Barzahlung zu erziehen (Engelhardt, W.W., 1968, S.304). Zur Zeit der Genossenschaftsgründungen war das "Anschreibenlassen" der Einkäufe beim Händler weit verbreitet. Für viele Menschen war dies eine Möglichkeit, trotz ihrer Armut Lebensmittel zu erwerben. Diese Praxis führte aber auch dazu, daß viele Menschen von ihren Händlern abhängig wurden. Die Händler hatten ihre Kunden zum Teil völlig in der Hand; "sie konnten die Preise willkürlich heraufsetzen, es kam nicht selten vor, daß sie Untergewicht gaben, daß sie die Ware durch allerhand Beimischungen verfälschten" (Konsumgenossenschaft Dortmund-Hamm-Bochum, 1967, S.8). Wollte man die Unabhängigkeit der Verbraucher erreichen, war ein Abkommen vom Borgsystem deshalb unbedingt notwendig.

Einen Ansatzpunkt genossenschaftlicher Erziehungsarbeit, der mit dem eben genannten eng verknüpft ist, stellt die Anleitung zur Sparsamkeit dar.
Durch die Möglichkeit, Ersparnisse zu bilden, war den Konsumvereinsmitgliedern Anreiz und Aussicht auf Erfolg gegeben; "mangelnde Sparsamkeit gerade der ärmeren Bevölkerungskreise war zum größten Teil darauf zurückzuführen, daß sie das Gefühl hatten: Es lohnt sich ja doch nicht" (Auerbach, I., 1949, S.15).

3.2. Darstellung der untersuchten food-coops und ihr Vergleich mit den Konsumgenossenschaften

3.2.1. Vergleich der Definitionen von Konsumgenossenschaften und food-coops

Der Vielfalt an Definitionen des Begriffes "Konsumgenossenschaft" (siehe oben) steht nichts Vergleichbares für den Begriff "food-coop" gegenüber. Eine Definition, die wissenschaftlichen Anforderungen genügt und den food-coops in der Bundesrepublik Deutschland gerecht wird, konnte in der Literatur nicht ermittelt werden, woraus sich die Notwendigkeit ergäbe, den Begriff hier zu definieren.
Da die Aufgabe dieses Abschnittes jedoch darin besteht, Ähnlichkeiten der beiden Verbraucherselbstorganisationstypen Konsumgenossenschaft und food-coop zu ermitteln, kann auf eine ausführliche Bestimmung des Begriffs verzichtet und statt dessen geprüft werden, inwieweit die für Konsumgenossenschaften grundlegenden Merkmale auch auf food-coops zutreffen.

Vergleich der grundlegenden Definitionselemente:

Zu 1.:

Auszug aus der Satzung der food-coop a: "Mitglied kann jeder werden, der

mit dieser Satzung einverstanden ist, die darin aufgeführten Bedingungen erfüllt und bereit ist, an der Verwirklichung der Ziele aktiv mitzuarbeiten."
Die Bedingungen, auf die in diesem Zitat hingewiesen wird, beziehen sich auf die Entrichtung einer finanziellen Einlage bei Eintritt in die coop, sowie auf die Bereitschaft, sich an der Organisation aktiv und, ohne dafür Zuwendungen zu verlangen, zu beteiligen; daraus wird ersichtlich, daß auch coops die Merkmale "Personenvereinigung" beziehungsweise "offene Mitgliedschaft" erfüllen.

Zu 2.:

Die coops, die in dieser Arbeit betrachtet werden, untergliedern ihre Organe in Mitgliederversammlung und Arbeitsgruppen. Auf den regelmäßig stattfindenden Mitgliederversammlungen werden die Berichte der Arbeitsgruppen entgegengenommen, besprochen, sowie wichtige Entscheidungen abgeklärt. Man versucht, Abstimmungen unter den Mitgliedern zu vermeiden und stattdessen Konsens zu erarbeiten.
Die Arbeitsgruppen haben die Aufgabe, zur Verwirklichung der gesteckten Ziele beizutragen. Jedes Mitglied kann und sollte bei mindestens einer Arbeitsgruppe mitmachen.
Diese Ausführungen mögen genügen, um den demokratischen Charakter sowie die grundsätzliche Gleichberechtigung der Mitglieder der food-coop nachzuweisen.

Zu 3.:

"Wir wollen bio-organische Lebensmittel billiger machen durch Aussschalten des Zwischenhandels und freiwillige Mitarbeit der Mitglieder (erhalten keine Zuwendungen dafür)" (Auszug aus der Satzung der food-coop a).
Mit diesem weiteren Auszug aus der Satzung einer food-coop kann auch hinsichtlich des dritten für Konsumgenossenschaften typischen Merkmals, nämlich die Förderung der Mitglieder durch einen gemeinsamen Geschäftsbetrieb zu erfüllen, wobei in diesem Fall der gemeinsame Geschäftsbetrieb als ansatzweise Organisation auf dem gemeinsamen Arbeitseinsatz der Mitglieder beruht, eine Übereinstimmung zwischen den beiden Selbstorganisationstypen festgestellt werden.
Es kann also festgehalten werden, daß alle Merkmale, die zur Charakterisierung der Konsumgenossenschaften herangezogen wurden, auch auf food-coops zutreffen.

3.2.2. Der Gründungszeitraum von food-coops

Die Festlegung des Gründungszeitraums für food-cooperatives bereitet deshalb keine Schwierigkeiten, weil Verbraucherzusammenschlüsse dieser Art in der Bundesrepublik Deutschland erst seit etwa fünf Jahren existieren - ganz im Gegensatz zu den USA, in denen die ersten food-coops schon einige Jahre früher gegründet wurden (Zwerdling, D., 1981, S.164).
Dies heißt jedoch nicht, daß food-coops ein zu vernachlässigendes Phänomen darstellen. Genaue Angaben über die Zahl der Mitglieder zu machen, erscheint mir allerdings genausowenig möglich zu sein wie eine Schätzung, da wie bereits in Abschnitt 1.3. angedeutet, der Zugang zu den coops mit Schwierigkeiten verbunden ist. Hinzu kommt, daß die food-coop Mitglieder nicht unbedingt das Bestreben haben, an die "normale" Öffentlichkeit zu treten. Sie bleiben unter sich und wissen zum Teil auch voneinander; um jedoch genauere Angaben über die Mitgliederzahlen insgesamt machen zu können, müßte ein ausgeprägter persönlicher Kontakt vorhanden sein.

Dennoch ist unter den food-coops, wie unter vielen der "alternativen" Projekte eine zunehmende Tendenz erkennbar, daß die einzelnen Initiativen daran interessiert sind, untereinander Kontakt aufzunehmen (TAZ 14.4.1983), so daß in nicht allzuferner Zeit es leichter möglich sein dürfte, mehr über existierende food-coops zu erfahren.

Die beiden Kooperativen, deren Mitglieder für diese Arbeit befragt wurden, bestehen seit drei beziehungsweise zweieinhalb Jahren. Obwohl dieser Zeitraum wesentlich kürzer ist als der bei den Konsumgenossenschaften angesetzte, und die Initiativen sich noch in der Experimentierphase befinden, sind doch erstaunliche Parallelen zwischen Konsumgenossenschaften und food-coops festzustellen; dies rechtfertigt ihre Einbeziehung in die vorliegende Arbeit.

Zunächst nun zu den Zielen, die - nach Angaben der Befragten - mit der coop verfolgt werden sollen.

3.2.3. Das Zielsystem der untersuchten food-coops

Die von den Befragten genannten Ziele resultieren unmittelbar aus einer grundsätzlichen Unzufriedenheit mit bestimmten gesellschaftlichen Bedingungen. Da diese Unzufriedenheit in Abschnitt 5.2.1. ausführlich dargestellt werden wird, werden im folgenden, um Wiederholungen zu vermeiden, die

Hauptausssagen der Interviewten kurz zusammengefaßt. Dabei muß berücksichtigt werden, daß weder alle Ziele von allen Befragten genannt, noch die Beziehungen zwischen den einzelnen Zielebenen von allen Interviewpartnern hergestellt wurden. Dennoch handelt es sich hier keineswegs um Einzelmeinungen. In die Darstellung gingen nur Antworten ein, die mindestens 30% der Befragten genannt hatten.

Ähnlich wie bei den Konsumgenossenschaften lassen sich die für die food-coops gesetzten Ziele in einem hierarchischen System anordnen.

Schaubild 2: Das Zielsystem der beiden untersuchten food-coops

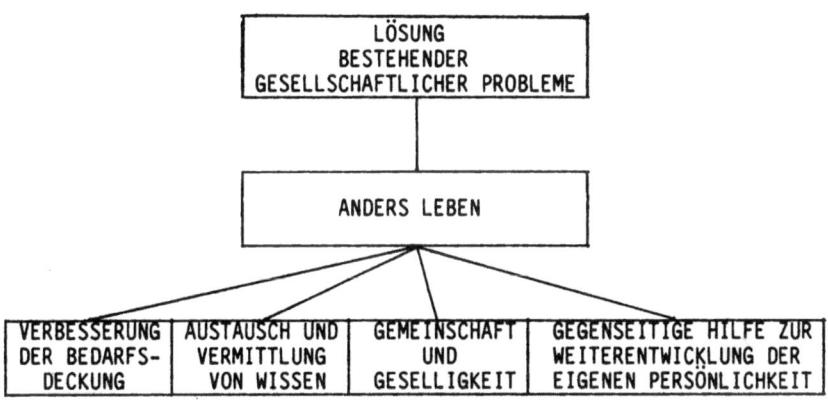

3.2.2.1. Übergeordnete Zielsetzung: Lösung bestehender gesellschaftlicher Probleme

Kaum ein anderes Ziel hat nach dem Zweiten Weltkrieg eine solche Bedeutung erlangt, wie die Intention, das wirtschaftliche Wachstum zu fördern. Viele Industrieländer haben bis Mitte der siebziger Jahre tatsächlich auch einen "historischen einmaligen Aufschwung von Produktion und Konsum erlebt" (Sozialwissenschaftliches Institut der Evangelischen Kirche in Deutschland, 980, S.11). Dabei konnten auch in den Entwicklungsländern insgesamt Wachstumsraten erzielt werden, die im Vergleich wesentlich höher ausfielen als jene der heute hochentwickelten Länder während der Industrialisierung.

Der Wohlstand, der dadurch erzielt wurde, brachte jedoch nicht nur Vorteile. Das moderne Industriewachstum wird erkauft mit der Anwendung von Technologien, die neben vielen anderen Auswirkungen eine außerordentliche Umweltbelastung mit sich bringen. Produktion, Nutzung und Beseitigung von Gütern erfolgen meist ohne Rücksichtnahme auf die ökologischen Gegebenheiten. Beeinträchtigung der Landschaft durch Straßen, Flughäfen, Belastung der Böden mit Düngemitteln, Pflanzenschutz- und Schädlingsbekämpfungsmitteln sind nur einige Beispiele dafür. Die Folgen sind Verschmutzung von Wasser, Luft und Boden, die Erschöpfung natürlicher Ressourcen, Zerstörung der Landschaft, Gefährdung des Pflanzen- und Tierbestandes und damit letztlich eine unmittelbare Gefährdung des Menschen durch Zerstörung seiner Lebensgrundlagen. Die Entwicklung ist teilweise schon so weit vorangeschritten, daß natürliche Regelungsmechanismen überfordert sind, wodurch irreparable Schäden verursacht wurden.

Dem Überfluß der hochindustrialisierten Länder - in der EG werden zur künstlichen Angebotsverknappung stündlich drei Millionen Mark für die Vernichtung von Nahrungsmitteln ausgegeben (AGV, 1978, H.13, S.3) - steht der Hunger des überwiegenden Teils der Weltbevölkerung gegenüber. Dabei könnte man mit der Hälfte von einem Prozent der jährlichen Rüstungsausgaben "all die landwirtschaftlichen Geräte anschaffen, die erforderlich sind, um in den armen Ländern mit Nahrungsmitteldefizit die Agrarproduktion bis 1990 zu verbessern und sogar die Selbstversorgung zu erreichen" (Nord-Süd-Kommission, 1980, S.20/21).

Der materielle Überfluß trug keineswegs dazu bei, Armut in unserer Gesellschaft unbedeutend werden zu lassen. Sie kommt nicht nur in den Ländern der Dritten Welt vor, in der Bundesrepublik gibt es ebenfalls Armut, wenn diese nach Bellebaum und Braun sich auch in anderen Formen äußert; so etwa in einer auffälligen Disparität der Lebensbereiche verschiedener Bevölkerungsschichten und einer Ungleichheit der Lebenschancen.

In unserer Gesellschaft gibt es kaum mehr Tätigkeiten, die "nicht durch Konsumgüter ermöglicht, erleichtert, verbessert oder bereichert werden können" (Scherhorn, G., 1975, S.18). Obwohl in einer solchen Erweiterung der Handlungs- und Erlebnismöglichkeiten eine Chance für die Evolution des Menschen liegt, sind immer mehr Anzeichen für soziale Desintegrationen vieler Menschen zu finden (Scherhorn, G., 1975, S.20). Soziale Abschließung, Passivität, Zwang zum Unterhaltenwerden sind harmlos gegenüber Alkoholismus, Drogenkonsum oder vermehrten psychischen Erkrankungen.

Güter, die nicht mehr dem Verbraucher dienen, sondern deren Verbrauch nur noch die Wirtschaft ankurbeln soll, Staaten, die durch Mißachtung der Menschenrechte die Loyalität ihrer Bürger erzwingen wollen, Verlust an Überschaubarkeit und Mitbestimmung sind weitere Schlagworte, die die gegenwärtige gesellschaftliche Situation kennzeichnen.

Viele Mitglieder der food-coops haben für sich daraus die Konsequenz gezogen, "anders leben" zu wollen. In den genannten Organisationen sehen sie zum einen die Chance, ihre eigene Situation unmittelbar verbessern zu können. Zum anderen dienen sie ihnen dazu, Alternativen zu den bestehenden Problemen zu suchen, um diese dadurch überwinden zu können.

3.2.3.2. Oberziel: "anders leben"

Wie soll nun dieses "anders leben" aussehen, das sich ein überwiegender Teil der befragten coop-Mitglieder zum Ziel gesetzt hat ?
Es ist unmöglich, in einigen Sätzen den Vorstellungen, die im einzelnen bestehen und darüberhinaus unterschiedlich weit entwickelt sind, gerecht zu werden, weshalb im folgenden nur die wichtigsten Merkmale der angestrebten Lebensweise genannt werden, über die sich die Befragten weitgehend einig waren.
Die Mitglieder der food-coops, für die das Ziel "anders leben" von Bedeutung ist, stellen sich eine Wirtschaftsordnung vor, die den Menschen in den Mittelpunkt ihrer Bemühungen stellt und seine Bedürfnisse nicht ökonomischen Erfordernissen unterzuordnen bereit ist. Dazu zählt eine Produktion, die den "echten" Bedürfnissen der Verbraucher Rechnung trägt und nicht darauf angewiesen ist, künstlich Bedürfnisse zu schaffen; dazu zählen weiter Produktionsverfahren, die sich an den Maßstäben Mensch, Natur und Umwelt orientieren, und insbesondere auch die Situation von Ländern der Dritten Welt berücksichtigen, und Arbeitsbedingungen, die den Menschen Entfaltungsmöglichkeiten gewähren, Sinn und Bezug zum täglichen Leben und zur Natur wiedergewonnen haben, bei denen Gleichberechtigung von Mann und Frau verwirklicht ist, sowie schließlich eine gerechte Verteilung der erzeugten Produkte.
Die größten Aussichten für die Verwirklichung einer "humanen Gesellschaft" sehen die Befragten dann, wenn Produktion und Konsum in die Verantwortung kleinerer, überschaubarer Einheiten zurückgeholt werden. Darin ist ihrer Meinung nach die Chance, die oben genannten Anforderungen zu verwirklichen, am ehesten gegeben. Auf diese Weise sei es auch besser möglich, Kontakte zu anderen Menschen aufzubauen, die auf Verwantwortungsbewußtsein füreinander, Partnerschaft und Vertrauen anstelle von Egoismus oder Konkurrenzdenken basieren, und dadurch ein zufriedenstellendes Gemeinschaftsleben gewährleisten soll. Von kleineren Einheiten verspricht man sich darüberhinaus Mitbestimmungs- und Einflußmöglichkeiten, die in der gegenwärtigen Gesell-

schaft ihrer Ansicht nach nicht vorhanden sind.

3.2.3.3. Unterziele

1. Verbesserung der Bedarfsdeckung

Die beabsichtigte Verbesserung der Bedarfsdeckung betrifft die Aspekte

- der Qualität,
- des Sortiments,
- des Preises,
- der Warenpräsentation.

Für alle befragten Mitglieder besteht das wesentlichste Ziel einer foodcoop darin, qualitativ gute Lebensmittel zu beschaffen. Unter qualitativ guten Lebensmitteln werden vor allem solche aus biologischem Anbau verstanden, weil dabei davon ausgegangen werden kann, daß Verunreinigungen mit Substanzen, die die Gesundheit des Menschen beeinträchtigen, so gering wie möglich gehalten werden.
71% der Mitglieder sind darüberhinaus daran interessiert, weitgehend naturbelassene Waren beziehen zu können. Die Verarbeitung von Rohprodukten bringt ihrer Ansicht nach nicht nur Qualitätsminderungen mit sich, sondern auch unnötigen Vebrauch von Energie und Rohstoffen sowie eine Belastung der Umwelt.

Das Energieproblem spielt ebenfalls eine Rolle bei der Entscheidung, einheimischen Produkten in der coop den Vorzug zu geben: kurze Transportwege verringern den Energieaufwand.

Gleichzeitig wird damit jedoch einem zweiten Gesichtspunkt Rechnung getragen: 34% der Gesprächspartner stellen einen Zusammenhang her zwischen eigenem Ernährungsverhalten und dem Welthungerproblem. Die Welternährungskrise kann ihrer Ansicht nach gelindert werden, wenn verstärkt auf Lebensmittel zurückgegriffen wird, die im eigenen Land produziert werden können. Von diesem Grundsatz wird abgewichen, wenn durch den Kauf von Waren Solidarität mit Projekten geübt werden kann, in denen ebenfalls versucht wird, alternative Lebensformen zu verwirklichen, oder wenn benachteiligte Menschen unterstützt werden können (zum Beispiel Boykott von Waren aus Südafrika). In das Sortiment der beiden untersuchten coops wurden ausschließlich Grundnahrungsmittel aufgenommen. Die Mitglieder möchten damit nicht nur dem in konventionellen Läden vorhandenen Überfluß eine Alternative entgegensetzen, sondern außerdem zu einem kritischen Überdenken der eigenen Bedürfnisse anregen.

Die gewünschten Produkte werden von konventionellen Läden - falls sie überhaupt Bestandteil des Sortiments sind - nur sehr teuer angeboten. Die finanzielle Belastung, die dadurch entsteht, ist für viele Verbraucher nicht tragbar. Ein zentrales Anliegen besteht deshalb für alle Interviewten beider Initiativen darin, ein preisgünstiges Angebot zu schaffen, um damit jedem Verbraucher die Chance zu geben, sich gesund zu ernähren.

Eine andere Art der Warenpräsentation soll zweierlei leisten. Erstens will man mit der Einsparung aufwendiger und umweltbelastender Verpackungsmaterialien, Wiederverwendung von Glas, Benutzung von Papiertüten etc. zum bewußteren Umgang mit Rohstoffen, Energie und Umwelt beitragen. Zweitens soll der Verzicht auf absatzfördernde Maßnahmen wie Werbung, Produktgestaltung oder bestimmte Warenanordnungen die "künstliche Schaffung von Bedürfnissen" vermeiden helfen und so die Verbraucher zum Reflektieren darüber anzuregen, was sie wirklich brauchen.

In beiden Gruppen ist man der Ansicht, daß die angestrebten Ziele am besten zu verwirklichen sind, wenn die gewünschten Produkte gemeinsam beschafft werden und dabei versucht wird, einen direkten Kontakt zwischen Erzeugern und Verbrauchern herzustellen. Dies hat die Vorteile, daß die Kontrolle der Waren durch Vertrauen ersetzt werden kann, daß durch die Unterstützung von Bauern mit kleinen Betrieben der Monopolisierung in der Landwirtschaft entgegengewirkt werden kann, daß Bauern, die in der Umstellung ihrer Produktionsweise auf biologische Methoden begriffen sind, der Absatz gesichert und damit eine weitere Ausdehnung dieser Anbaumethode ermöglicht wird, sowie schließlich, daß eine gewisse Unabhängigkeit vom Handel erreicht werden kann.

2. Austausch und Vermittlung von Wissen

Die Befragten sehen in der coop jedoch nicht nur eine Verteilungsstelle für gemeinsam beschaffte Lebensmittel. Für sie ist diese vielmehr ein Ort, an dem durch Austausch von Informationen, durch Diskussionen, Vorträge etc. dazu beigetragen wird das eigene Wissen zu erweitern. Wissen umfaßt dabei mehr als Informationen über die Qualität von Produkten, ihre Herkunft, Verwendungsmöglichkeiten oder deren Auswirkungen auf die Gesundheit.

Das Interesse der Hälfte der Befragten zielt darüberhinaus darauf, den Komplex Ernährung in einen gesamtgesellschaftlichen Zusammenhang einordnen zu können. So werden unter anderem folgende Themen besprochen: die Rolle von Nahrungsmitteln in Politik und Wirtschaft, die Beziehungen zwischen den Produktionsmethoden von Lebensmitteln und dem Welthungerproblem oder deren Auswirkungen auf die Umwelt. Wie dieser Fragenkatalog andeutet, geht man bei der Wahl der Themen über den Bereich der Ernährung weit hinaus. Vom Erfahrungsaustausch mit Gleichgesinnten erwartet man vor allem auch Anregungen auf der Suche nach neuen Lebensformen.

Dieser Austausch von Informationen und die damit einhergehende Erweiterung des Wissens sollen keineswegs auf "Insider" beschränkt bleiben. Die Mitglieder der coops sind im Gegenteil daran interessiert, die eigenen Gedanken an möglichst viele Verbraucher heranzutragen, um dadurch einen Bewußtwerdungsprozeß in Gang zu setzen, der nach Ansicht der Befragten deshalb notwendig ist, weil eine Veränderung der als unbefriedigend erlebten gesamtgesellschaftlichen Situation ihrer Meinung nach nur durch das Zusammenwirken möglichst vieler Menschen erreicht werden kann.

3. Gemeinschaft und Geselligkeit

Mit Ausnahme von drei Interviewpartnern kommen alle Mitglieder unter anderem auch deshalb in die coop, weil sie hoffen, in ihr Gemeinschaft und Geselligkeit mit anderen Menschen zu finden. In der Verteilungsstelle soll nicht die aus Geschäften bekannte unpersönliche und hektische Einkaufsatmosphäre herrschen, sondern Gelegenheit zu Gesprächen und gemütlichen Treffen gegeben sein. Der Kontakt unter den Mitgliedern soll jedoch nicht nur auf die Öffnungszeiten der Verteilungsstelle beschränkt bleiben, sondern durch gemeinsame Aktivitäten weiter gefördert werden, da hiermit eine Möglichkeit geschaffen wird, andere Leute besser kennenzulernen und zu diesen persönliche Beziehungen aufzubauen, wodurch der Kontaktarmut und Anonymität der Massengesellschaft begegnet werden kann. Dies ist auch ein Grund dafür, daß fast alle Gesprächspartner eine Beschränkung der Mitgliederzahlen befürworten. Dem weiter oben bereits angesprochenen Prinzip der Offenheit wird damit deshalb nicht widersprochen, weil jederzeit "Starthilfe" für die Gründung neuer coops gegeben werden soll.

Das Anliegen, in der coop Gemeinschaft und Geselligkeit mit anderen zu finden, spiegelt sich auch in den regelmäßigen Mitgliederversammlungen wider, die nicht nur abgehalten werden, um organisatorische Fragen zu klären oder wichtige Entscheidungen zu treffen, sondern die auch einem gemütlichen Beisammensein dienen sollen.

4. Gegenseitige Hilfe zur Weiterentwicklung der eigenen Persönlichkeit

Die Mehrzahl der Mitglieder hat den Anspruch, neue Lebensformen nicht nur theoretisch zu entwickeln, sondern diese auch in die Praxis umzusetzen. Um dies zu ermöglichen, ist es nach Ansicht der Befragten zunächst notwendig, das weitverbreitete "Konsumverhalten" abzubauen. Mit diesem Begriff bezeichnen die Gesprächspartner passive Verhaltensweisen, die geprägt sind vom Reagieren. Sie wollen im Gegensatz dazu agieren, wollen sich die Bedingungen ihres Lebens - auf die sie "derzeit kaum Einfluß nehmen können" (Krankenpfleger, 27 J.) - bewußt selbst gestalten.

In der coop sind mehrere Ansatzpunkte gegeben, die die Chance bieten, dieses Agieren zu lernen. Es muß gelernt werden, da "die meisten von uns nie die Gelegenheit bekamen, Initiative und Verantwortung selbst zu übernehmen" (Student/Architektur, 25 J.).

1. "Kaufen um des Kaufens willen" soll abgelöst werden vom Kauf als einem Instrument, das der Erfüllung der eigenen Bedürfnisse und nicht den durch Methoden des Marketing geweckten dient. Der Verzicht auf sämtliche absatzfördernden Maßnahmen und die Beschränkung des Sortiments auf Grundnahrungsmittel, sollen dazu beitragen, den Mitgliedern der coop die eigenen Kaufgewohnheiten bewußter zu machen.

2. Von allen an der coop Beteiligten wird erwartet, daß sie sich an der Organisation beteiligen. Grundsätzlich hat jedes Mitglied die Möglichkeit, sämtliche zur Aufrechterhaltung der Funktion der Verteilungsstelle erforderlichen Tätigkeiten kennen und ausführen zu lernen. Darüberhinaus wird jedem Interessierten die Gelegenheit geboten, einzelne Tätigkeiten in eigener Verantwortung auszuführen. Dies soll dazu beitragen, auch bei jenen Verbrauchern ein Verantwortungsgefühl zu fördern, die zuvor hauptsächlich Nutznießer der Lebensmittel-coop waren.

3. Der überwiegende Teil der Befragten sprach sich dafür aus, daß das Verantwortungsbewußtsein für die Organisation einhergehen muß mit einem veränderten Verhalten der Mitglieder untereinander. An die Stelle individuellen Strebens nach dem eigenen Vorteil möchten die Befragten Handeln in und zu Gunsten der Gemeinschaft setzen. Wie ein solches Handeln im einzelnen aussehen soll, und was damit erreicht werden soll, wurde bereits im letzten Abschnitt ausgeführt.

Da sich nahezu alle Befragten im klaren sind, daß solche Verhaltensweisen auch von ihnen selbst erst erlernt werden müssen, wird der coop ausdrücklich die Funktion zugewiesen, Lernfeld für soziales Handeln zu sein, und dies sowohl im Sinne einer Weiterentwicklung der eigenen Persönlichkeit als auch im Hinblick auf andere Mitglieder.

Auf die Absicht, unter den Mitgliedern der coop sowohl ein Bewußtsein für die Probleme der Ernährung, der Nahrungsmittelproduktion und der Umwelt zu erzielen, braucht an dieser Stelle nicht mehr eingegangen zu werden, da dies bereits weiter oben erfolgte.

3.2.4. Der Vergleich der beiden Zielsysteme

Wie sich aus einer Gegenüberstellung der Zielsysteme unschwer erkennen läßt, weisen Konsumgenossenschaften und food-coops deutliche Parallelen auf.
Sowohl die Mitglieder von Konsumgenossenschaften als auch die der coops beabsichtigen mit ihren Organisationen zu einer Lösung gesellschaftlicher Mißstände beizutragen, von denen ein Großteil der Bevölkerung betroffen ist. Erreichen möchten sie dies durch die Schaffung einer gerechteren Gesellschaftsordnung beziehungsweise durch die Verwirklichung des Anpruchs "anders leben" zu wollen, also in beiden Fällen durch die Überwindung bestehender gesellschaftlicher Verhältnisse, wozu ihrer Ansicht nach die Solidarität möglichst vieler Verbraucher notwendig ist.
Beide Organisationen weisen also eine Perspektive auf, die über die Situation des einzelnen Verbrauchers hinausgeht, wenn auch die gestellten Probleme und die dazu entwickelten Lösungsansätze nicht identisch sind.

Ein Vergleich der einzelnen Unterziele bestätigt den gewonnenen Eindruck. Konsumgenossenschaften wie food-coops waren/sind daran interessiert, ihren Mitgliedern qualitativ gute Lebensmittel zu günstigen Preisen zur Verfügung zu stellen, um damit am Markt bestehende Defizite zu beseitigen. In beiden Fällen bemüh(t)en sich die Mitglieder auch darum, ihr Wissen zu erweitern, um dadurch die eigene Position innerhalb des gesellschaftlichen Kontexts besser verstehen zu lernen.
Ein Bedürfnis nach Gemeinschaft kann für die Mitglieder der beiden Organisationen ebenso festgestellt werden, wie ein vorhandenes Bewußtsein dafür, daß die Realisierung der weitgesteckten Ziele eine Verhaltensänderung jedes einzelnen Mitglieds voraussetzt.
Die Gegenüberstellung der Definitionen und Ziele von Konsumgenossenschaften und food-cooperatives erbrachte somit eine ausreichende Anzahl von Parallelen, um einen Vergleich der Entstehungsbedingungen dieser beiden Typen der Verbraucherselbstorganisationen sinnvoll erscheinen zu lassen.

4. KONSUMGENOSSENSCHAFTLICHE ENTSTEHUNGSBEDINGUNGEN

In diesem Teil der Arbeit wird nun anhand der in Abschnitt 1.2.2.2. ausgewählten Erklärungsansätze analysiert, unter welchen Bedingungen die Konsumgenossenschaften in Deutschland zwischen 1850 und 1870 entstanden.

4.1. Objektive Voraussetzungen der Entstehung von Konsumgenossenschaften

Von verschiedenen Autoren (zum Beispiel Buss, E., 1970; Draheim, G., 1955; Engelhardt, W.W., 1981; Grünfeld, E., 1928; Schulte, M., 1980) und dabei vor allem von Vertretern der traditionellen Genossenschaftstheorie wird das Entstehen von Genossenschaften mit dem Auftreten weitreichender gesellschaftlicher Veränderungen, insbesondere wirtschaftlicher Notlagen erklärt. Ihrer großen Bedeutung wegen und im Hinblick auf die Forderung nach Einbeziehung des historischen Kontexts werden die wesentlichen Merkmale der gesamtgesellschaftlichen Strukturveränderungen des 19. Jahrhunderts im Anschluß skizziert.

4.1.1. Gesellschaftsstrukturelle Veränderungen in der ersten Hälfte des 19. Jahrhunderts

Die im Verlauf der durch umwälzende technische Erfindungen ausgelösten Industrialisierung im 19. Jahrhundert in Deutschland entstehende Gesellschaft war, im Unterschied zu der ihr vorausgehenden feudalen Gesellschaft, durch eine "Differenzierung der Zwecke" gekennzeichnet (Schulte, M., 1980, S.30). An die Stelle der Produktion für einen bestimmten Bedarf, wobei Arbeit und Konsum, Arbeitskraft und Arbeitsmittel unter einem Dach vereint gewesen waren, trat eine zunehmend arbeitsteilige Gesellschaft, in der für einen anonymen Markt produziert wurde und der Bedarf gegenüber der Produktion den zweiten Rang einnahm. Da der damit verbundene Rückgang der hauswirtschaftlichen Produktion für den Eigenbedarf "durch die Industrie und nicht durch das Handwerk verursacht wurde, kam die wachsende Nachfrage der Haushalte auf dem Markt folgerichtig der Industrie vor dem Handwerk zugute" (Engelsing, R., 1969, S.109). Der Autor schließt daraus, daß man im Handwerk diese Entwicklung als Anzeichen dafür wertete, daß die Fabrikindustrie im Laufe der Zeit das Handwerk und damit den Mittelstand ausschalten werde.

Nicht zuletzt der Prozeß der Aufklärung trug dazu bei, daß das alte, personenbezogene Ordnungssystem abgelöst wurde von einem Ordnungssystem, in dem Individuen zwar als formal gleiche und freie Bürger betrachtet wurden, in dem jedoch die Verfügung über Sachen dominierte. Das Prinzip der Wertma-

ximierung trat an die Stelle materieller Bedürfnisbefriedigung, Konkurrenzdenken machte sich breit (Schulte, M., 1980, S.30/31).
Die eingetretene Liberalisierung in der Wirtschaftspolitik, die mit der Forderung nach Freiheit von staatlicher Bevormundung, nach freien Entscheidungen des Unternehmers beim Einsatz der produktiven Kräfte, sowie mit der Forderung nach genereller Freiheit der Konsumwahl verbunden waren, hatte eine Zusammenballung von Macht und Anhäufung von Kapital in den Händen weniger Produzenten zur Folge, denen eine steigende Zahl abhängig Beschäftigter gegenüberstand, deren Lage durch Verelendung und Verunsicherung gekennzeichnet war (Buss, E., 1970, S.254).
Die durchgeführte Liberalisierung mit Gewerbefreiheit und Freizügigkeit eröffnete zwar zunächst vielen Handwerkern die Möglichkeit, sich selbständig zu machen - auf dem Handwerk lag damals, abgesehen von Spinnerei und Weberei, der Schwerpunkt der Gewerbetätigkeit -, doch gelang es nur wenigen Selbständigen, ihr Geschäft auszubauen. Diese Handwerker brachten es zu mäßigem Wohlstand und hatten darüberhinaus Chancen zu einem weiteren sozialen Aufstieg (Schulte, M., 1980, S.45). Diejenigen, die dies nicht schafften, mußten trotz ihrer Meisterausbildung als Angestellte in anderen Handwerksbetrieben oder in der Fabrik arbeiten (Huß, H.-P., 1977, S.49). Auf dem Land blieben meist Einmannbetriebe zurück, die nur mühsam ihre Existenzgrundlage aufrechterhalten konnten. Ein Teil der Betroffenen wanderte auch in die Städte ab, wo sie zusammen mit den Handwerkern der Städte, die ebenfalls der Konkurrenz der Industrie unterlegen waren, die Zahl der Manufaktur- und Fabrikarbeiter und die der Arbeitslosen noch erhöhten.
"Spätestens in den sechziger Jahren des 19. Jahrhunderts verringerte sich für die Gesellen die Aussicht auf die spätere Selbständigkeit, die früher eine Selbstverständlichkeit gewesen war" (Engelsing, R., 1968, S.110). Hinzu kam ein großer Teil der zuvor bäuerlichen Bevölkerung, die durch Bauernbefreiung und Agrarreform besitzlos geworden war oder infolge des Anerbenrechts keinen Besitzanspruch hatte (Auerbach, I., 1949, S.6).
"Wie in allen Ländern ging auch in Deutschland der Industrialisierungsprozeß auf Kosten der Arbeiter" (Hasselmann, E., 1971, S.31). Deren Lage war gekennzeichnet von überlangen Arbeitszeiten, schlechter Bezahlung, Nachtarbeit, ungesunden Arbeitsräumen, Arbeitslosigkeit; Kinder- und Frauenarbeit waren weit verbreitet" (Kuczynski, J., 1962, S.146/147; Sombart, W., 1923 S.452).

Aufgrund dieser Entwicklung sahen sich breite Schichten des vorindustriellen Handwerks, also der Mittelschichten, mit einem "kollektiven Abstieg" konfrontiert (Schildt, G., 1977, S.710). Einen Eindruck von dieser Entwicklung geben die unten abgebildeten Tabellen, in denen die Zunahme der in Württemberg im Handwerk, in den Fabriken und im Handel Beschäftigten für die Jahre 1822 - 1861 aufgeführt ist, sowie die ebenfalls für diesen Zeitraum dargestellte Veränderung der Sozialstruktur der Erwerbstätigen in Preußen.

Tabelle 1: Die Zunahme der in Württemberg im Handwerk, in den Fabriken und im Handel Beschäftigten

Jahr	Zahl der Einwohner	prozentualer Anteil der im Handwerk, im Handel und in den Fabriken Beschäftigten	
		an der gesamten Bevölkerung	an den erwachsenen männlichen Einwohnern
1822	1.458.749	7.4	22.1
1835	1.571.012	12.5	37.7
1852	1.733.263	13.1	40.5
1861	1.820.708	15.6	45.8

Quelle: Schmoller, G.:Die,Resultate der pro 3. Dezember 1861 aufgenommenen Gewerbestatistik a.a.O., S.283 in: Huß, H.-P., 1977, S.348

Tabelle 2: Sozialstruktur der Erwerbstätigen in Preussen (in %)

1	Gewerbliche Arbeiter	9.3	13.3	32.5
1.1	Fabrikarbeiter	2.5	3.9	5.3
1.2	Berg- und Salinenarbeiter	0.4	0.8	1.5
1.3	Gewerbsgehilfen u. Lehrlinge	6.4	8.6	9.6
1.4	Tagelöhner u. Handarbeiter	-	-	16.1
2	Überwiegend ländliche Arbeiter	37.9	37.0	27.4
2.1	Gesinde	17.8	15.9	13.2
2.2	Tagelöhner u. Handarbeiter	20.1	21.1	14.2
3	Dienstboten in Haushalten	1.9	2.5	3.3
4	Angestellte in Gewerbe und Landwirtschaft	1.0	1.1	1.2

Quelle: Jahrbuch für amtliche Statistik des preussischen Staats 2, 1867, S.261/262, in: Schulte, M., 1980, S.48

In diesen Tabellen nicht aufgeführt sind die sogenannten "Kleinbürger", denen unter anderem der in der ersten Hälfte des 19. Jahrhunderts anwachsende ideologische Stand (Bildungsbürgertum) zuzurechnen ist, der sich aus Advokaten, Lehrern, Regierungsbeamten, Pfaffen etc. zusammensetzte. Diese Schicht, deren Anteil an der Erwerbsbevölkerung ca. 20% ausmachte, war es vor allem, die die Ideen der Aufklärung vertrat und bürgerliche Freiheiten forderte (Schulte, M., 1980, S.50).

Die Veränderungen der wirtschaftlichen Bedingungen gingen, wie bereits angedeutet, einher mit einer Veränderung der sozialen Situation. Die neuen Produktionsbedingungen brachten nicht nur eine Trennung von Wohn- und Arbeitsplatz mit sich, sondern einen Funktionswandel der Familie insgesamt. Das altvertraute Sozialgefüge löste sich allmählich auf, was zu einer zunehmenden Vereinzelung der Menschen und dem Verlust ihrer sozialen Sicherheit führte (Schneider, L., 1967, S.96/97). Die durch das Entstehen dieser bürgerlichen Gesellschaft mit individuenbezogenen Freiheitsrechten eingetretene Individualisierung wurde verstärkt durch die formalen Beziehungen, die zwischen anbietende Organisationen und nachfragende Individuen traten, im Gegensatz zu den früher traditionalen und materialen, nicht tauschbezogenen Beziehungen, die allmählich abbrachen (Schulte, M., 1980, S.32).

Die geschilderten Verhältnisse spielten zwar bei der Entstehung von Genossenschaften eine Rolle, sie gehen jedoch zu wenig auf die Besonderheiten der konsumgenossenschaftlichen Gründungssituation ein, weshalb im nächsten Abschnitt eine Darstellung der Situation der Verbraucher auf Konsumgütermärkten angeschlossen wird.

4.1.2. Situation der Verbraucher auf Konsumgütermärkten

Mit der Auflöung des "ganzen Hauses" (Schulte, M., 1980, S.34) und dessen Ablösung durch die Marktökonomik nahm die hauswirtschaftliche Produktion für den Eigenbedarf ab zugunsten einer wachsenden Nachfrage der Haushalte auf dem Markt (Engelsing, R., 1968, S.109). Die industrielle Massenproduktion ermöglichte eine Vergrößerung des Warenangebots, sowie eine Verbilligung der Produkte und führte außerdem zu einer Standardisierung der Waren, was wiederum den Handel mit dem Ausland förderte. In der zweiten Hälfte des 19. Jahrhunderts setzte allmählich eine Spezialisierung der Geschäfte nach Warengruppen und Warenqualitäten ein. Statt der bis dahin üblichen Gemischtwarenhandlungen entstanden Fachgeschäfte für Kolonialwaren, Bekleidung, Textilien etc., die sich zusätzlich in der Qualität der angebotenen Produkte unterschieden (Hasselmann, E., 1971, S.34/35).

Die Finanzkraft der Kunden spiegelte sich in der Art der Geschäfte wider. Während in den Stadtzentren die Geschäfte qualitativ gute Waren und einen umfangreichen Kundenservice anboten, wurden in den Vorstädten Waren verkauft, deren Qualität zu wünschen übrig ließ. Die Verfälschung von Waren und das Benutzen falscher Gewichte waren weit verbreitet (Hasselmann, E., 1971, S.35; Konsumgenossenschaft Dortmund-Hamm-Bochum, 1967, S.8; Konsumgenossenschaft Freiburg, 1965, S.15).
Schmauderer stellt fest, daß seit der Französischen Revolution eine "Zunahme gesundheitsschädlicher und gefälschter Lebensmittel" zu verzeichnen ist, deren Ausmaß dringend Abhilfe erforderlich macht (Schmauderer, E., in: Weuster, A., 1980, S.488). Zur Veranschaulichung seien beispielhaft einige zeitgenössische Kostproben aufgeführt:
"1. Die Untersuchung zahlreicher Proben von Speiseessig zeigte, daß mit wenigen Ausnahmen fast alle Essigproben zwischen 1 und 3% Essigsäure enthielten, während Speiseessig mindestens 3% reine Essigsäure enthalten soll. Als Verfälschung des Essigs war ein absichtlicher Zusatz von Schwefelsäure in verschiedenen Sorten nachzuweisen, und zwar bis zu 1% ...
2. Bei ca. 300 Milchproben, welche zur Untersuchung kamen, zeigten sich als Verfälschungen ausschließlich Zusätze von Wasser, allerdings oft 20 bis 30, ja 40 % ! Auch kam noch sehr häufig vor, daß abgerahmte Milch für nicht abgerahmte verkauft wurde" (Schloesser, R.& Ruhmer, O., 1939, S.30 zit. nach Hasselmann, E., 1971, S.36). Zucker mit Mehl, Kreide und Gips, verunreinigtes Mehl, optische Schönungen und Zusätze von Streckungsmitteln, chemisch getriebenes Brot sind weitere Beispiele für die Art der Warenverfälschungen (Hasselmann, E., 1965a, S.26), ebenso wie folgender Bericht:
"Das am 18. Februar zur Untersuchung übersendete Petroleum gehört zu denjenigen Sorten, welche unter gewissen Umständen Explosionen herbei-

führen können. Es besitzt zwar ein normales spezifisches Gewicht (0,791), allein beim Erwärmen gibt es bereits unter 30°C Gasblasen aus und schon bei 31°C entwickelt es Dämpfe, welche bei Annäherung einer Flamme Feuer fangen, während sich in dieser Weise ein gutes Petroleum erst bei 50°C und eines von mittlerer Qualität doch nicht unter 40°C entzündet (Konsumverein Stuttgart, in: Hasselmann, E., 1964, S.54/55).

Dieses Beispiel stammt zwar aus dem Jahre 1878, fällt damit also eigentlich nicht mehr in den Betrachtungszeitraum dieser Arbeit; da es jedoch für die genossenschaftliche Entstehungszeit typisch ist, wurde es hier aufgenommen.

Daß die Warenverfälschungen durch Händler in einem so großen Ausmaß möglich waren, lag neben der geringen Warenkenntnis, der Qualitätsintransparenz und dem Zeitmangel der Verbraucher auch daran, daß die Händler selbst viele Waren erst verbrauchsfertig machten (Weuster, A., 1980, S.489). Allerdings können diese Warenverfälschungen nicht nur den Händlern angelastet werden; sie sind auch auf die Unternehmer zurückzuführen. "In der früheren Zeit, die man so gerne als die gute alte und in ökonomischer und besonders kommerzieller Beziehung als die 'solide' zu bezeichnen pflegt, war es durchaus nicht so selbstverständlich , wie es uns heute erscheint, daß der Fabrikant (...) gewillt war, nach bestem Wissen und Gewissen die ihm in Auftrag gegebene Partie oder Probe entsprechend herzustellen. Im Gegenteil: Man konnte als Regel annehmen, daß er gute Proben sandte, um dann minderwertige Waren zu liefern" (Sombart, W., 1923, S.206). Im allgemeinen wurden schlechte Waren vom Händler nur dann an den Hersteller zurückgegeben, wenn dieser davon ausging, die unzulängliche Qualität nicht an den Verbraucher weitergeben zu können.

Für diese Waren mußte auch noch viel bezahlt werden. Vielerorts sahen sich Verbraucher mit überhöhten Handelsspannen und laufenden Preissteigerungen konfrontiert (Huß, H.-P., 1977, S.298/305/312/314/337; Präsident des Konsumvereins Lörrach, in: Hasselmann, E., 1965a, S.24). So kosteten beispielsweise im März 1846 in Stuttgart sechs Pfund Weißbrot 24 Kreuzer, im Mai 1847 wurden dafür bereits 40 Kreuzer verlangt, was für die Verbraucher eine Preissteigerung von knapp 70% innerhalb eines Jahres bedeutete (Hasselmann, E., 1964, S.14). In Heilbronn beklagte man sich 1865 darüber, daß der Butterverkaufspreis doppelt so hoch war die der Ankaufspreis (Huß, H.-P., 1977, S.305). Kuczynski gibt als Lebenshaltungskosten für die Zeit von 1850 bis 1870 folgende Zahlen an, wozu er bemerkt, daß die Schwankungen in der angegebenen Zeit verhältnismäßig gering waren im Vergleich zur Periode von 1825 bis 1847 (Kuczynski, J., 1962, S.152).

Tabelle 3: Durchschnittliche Bruttogeldlöhne 1850 bis 1870 (1900 = 100)

Jahr	Industrie	Industrie und Landwirtschaft	Jahr	Industrie	Industrie und Landwirtschaft
1850	45	43	1860	53	53
1851	46	44	1861	55	54
1852	44	43	1862	55	55
1853	46	44	1863	55	55
1854	48	47	1864	56	56
1855	49	48	1865	56	56
1856	51	50	1866	59	58
1857	54	53	1867	59	59
1858	54	52	1868	61	61
1859	52	51	1869	64	62
			1870	66	64

Quelle: Kuczynski, J., Darstellung der Lage der Arbeiter in Deutschland von 1849 bis 1870, Akademieverlag Berlin, 1962, S.146

Acht- und vierzehntätige Zahlungsrhythmen machten es einem Großteil der Verbraucher unmöglich, Großeinkäufe zu tätigen und somit Rabattnachlässe in Anspruch zu nehmen. Zum Vergleich von Preisen war weder die Zeit vorhanden noch lohnte es sich. Der wöchentliche nötige Arbeitsaufwand der Informationsbeschaffung und Informationsauswertung stand beim Kauf von Kleinstmengen in keinem Verhältnis zu den Ersparnissen, die dadurch hätten erzielt werden können (Weuster, A., 1980, S.484).

Auch wenn das Trucksystem abgschafft worden war, "findet sich doch noch vielfach Bezahlung in Waren, insbesondere auf dem Lande, wobei natürlich, zumindest in der Qualität des Gelieferten beachtliche Betrügereien vorkommen konnten" (Kuczynski, J., 1962, S.151).

Das relativ niedere, unsichere und unregelmäßige Einkommen förderte das "Aufschreiben" der Einkäufe, was - wie bereits erwähnt - zu einer Verschuldung von Verbrauchern und somit Abhängigkeit vom Händler führen konnte, wodurch die Konsumenten der Willkür von Preisänderungen wehrlos ausgeliefert waren (Konsumgenossenschaft Dortmund-Hamm-Bochum, 1967; Kuczinsky, J., 1962, S.148).

Überhaupt hatten die wenigsten Verbraucher die Möglichkeit, sich gegen das "Treiben der Kaufmannschaft" zu wehren (Konsumverein Lörrach, in: Hasselmann, E., 1965a, S.21). Aufgrund langer Arbeitszeiten, schwankender Einkommen, fehlender oder mangelnder Kenntnisse für Qualitätsprüfungen und räumlicher Immobilität waren sie "ebenso wehrlos in jener Zeit, wie der Arbeiter in der Fabrik" (Hasselmann, E., 1971, S.37).

4.2. Zur Definition konsumgenossenschaftsgeeigneter Bedürfnisse

Nach Engelhardt stellt das Vorliegen der oben geschilderten objektiven Voraussetzungen zwar eine notwendige, nicht aber eine hinreichende Bedingung für die Gründung von Konsumgenossenschaften dar (Engelhardt, W.W., 1977a, S.186). Gesellschaftliche Strukturen und deren Veränderungen lassen zwar Genossenschaftsentstehungen grundsätzlich zu, fördern oder verhindern sie, doch können erst aus der Ermittlung der subjektiven Bedeutung, die diese objektiven Bedingungen und Entwicklungen für Personen erhalten, Aussagen über deren Verhalten getroffen werden, da erst die Widerspiegelung objektiver Bedingungen im Bewußtsein der Menschen dazu führt, daß sich aus objektiven Bedingungen eine subjektiv bedeutsame Interessenlage entwickelt. Es stellt sich daher die Frage, wie und wodurch objektive Bedingungen zu einer intersubjektiven Bedeutung gelangen, wie und wodurch aus Bedürfnissen handlungsdeterminierende Interessen werden und unter welchen Bedingungen diese schließlich in konsumgenossenschaftliche Zielvorstellungen einmünden ?

Die Herleitung des konsumgenossenschaftlichen Bedürfnisses und Interesses basiert in dieser Arbeit nicht auf einer statischen, sondern einer dynamischen Betrachtungsweise, nach der Bedüfnisse und Interessen nicht konstant und ein für allemal festgelegt sind, sondern durch Einflüsse der Umwelt intensiviert, verschoben oder sogar geweckt werden können, daß sie also zurückführbar sind auf Vergangenheitserfahrungen und aktuelle sozialökonomische Beziehungen von Individuen.
Nach Badura haben kulturelle Werte und soziale Normen, die festlegen, ob Bedürfnisse kommunikabel und Inhalt und Ausmaß von Interessen legitim sind oder nicht, auf diesen Prozeß einen entscheidenden Einfluß (Badura, B., 1972, S.12). Sie stellen die Verbindung dar zwischen objektiven gesellschaftlichen Strukturen sowie deren Veränderung und den Individuen.
Von daher ist zunächst zu untersuchen, welche Bedürfnisstrukturen genossenschaftsgeeignete Personenkreise aufweisen, weshalb im folgenden eine "inhaltliche Deutung des konsumgenossenschaftlichen Interesses im Sinne der durch Vergangenheitserfahrungen tradierten präferentiellen Orientierung an bestimmten Bedürfnissen" (v. Brentano, D., 1980, S.180) vorzunehmen ist.

4.2.1. Schichtzugehörigkeit von Personen, die an der Gründung von Konsumgenossenschaften beteiligt waren

Um Aussagen über die Vergangenheitserfahrungen von Personen machen zu können, die an der Gründung von Konsumgenossenschaften beteiligt waren, um dadurch auf deren Bedürfnisstruktur schließen zu können, ist es notwendig, deren sozialökonomische Schichtzugehörigkeit festzustellen.

In diesem Zusammenhang muß beachtet werden, daß ein Unterschied besteht zwischen Personen, die an konstituierenden Sitzungen von Konsumgenossenschaften beteiligt waren (im folgenden: "Gründungsmitglieder"), und Personen, die eine konstitutierende Sitzung initiierten (im folgenden: "Initiatoren"), da festzustellen war, daß den eigentlichen Gründungen eine Vorlaufzeit vorausging, in der die Idee zur Gründung einer Konsumgenossenschaft entwickelt und die Gründung vorbereitet wurde.

Diese Unterscheidung spielt zwar an dieser Stelle noch keine Rolle, da jedoch nicht auszuschließen ist, daß sie später von Bedeutung sein könnte, wird in der folgenden Übersicht bereits eine Trennung der an der Gründung von Konsumgenossenschaften beteiligten Personen in Gründungsmitglieder und Initiatoren vorgenommen.

Dabei entstand allerdings die Schwierigkeit, daß aus den zur Verfügung stehenden Quellen zwar Rückschlüsse auf die Schichtzugehörigkeit der Gründungsmitglieder möglich war, diesen allerdings nicht immer eindeutig zu entnehmen war, auf wessen Initiative die Gründungen letztlich zurückzuführen sind. Von einigen Konsumvereinen liegen jedoch Berichte über die Zusammensetzung erster gewählter Vertreter (wie Geschäftsführer oder Vorstände) vor. Es ist anzunehmen, daß diese zumindest teilweise identisch sind mit den Initiatoren, was durch zeitgenössische Berichte auch bestätigt werden kann (siehe Huß, H.-P., 1977, S.303; Hasselmann, E., 1965a, S.22/23), da es naheliegend erscheint, in solche Positionen Personen zu wählen, die sich bereits zuvor durch Engagement für die konsumgenossenschaftliche Idee und entsprechende Sachkenntnis auszeichneten.

In der unten aufgeführten Tabelle 4 wird dargestellt, aus welchen Personen sich Initiatoren und Gründungsmitglieder von Konsumvereinen zusammensetzten.

Bei dem Begriff "Arbeiter", der zur Charakterisierung von Mitgliedern verwendet wurde, muß berücksichtigt werden, daß diese Bezeichnung in der Literatur unterschiedlich verwendet wird. So unterscheidet beispielsweise Schulze-Delitzsch zu Beginn seiner Berichterstattung über Mitgliederzusammensetzungen nicht zwischen Arbeitern und Handwerksgesellen; Arbeiter selbst bezeichnen sich als Handwerker, die Übergänge zwischen den beiden Begriffen sind fließend (Weuster, A., 1980, S.459), was zum Teil daran gelegen haben mag, daß bis zum Jahre 1862 keine verbindliche Abgrenzung zwischen Fabrik- und Handwerksbetrieb vorlag (Huß, H.-P., 1977, S.52).

Tabelle 4: Angaben zur Schichtzugehörigkeit von Initiatoren und Gründungsmitgliedern ausgewählter Konsumgenossenschaften

GRÜNDUNGSJAHR	ORT	INITIATOREN	ERSTE GEWÄHLTE VERTRETER	GRÜNDUNGSMIT-GLIEDER	QUELLE
1849	Chemnitz	Arbeiterversammlung	-	Arbeiter	Schulte, M., 1980, S. 122
1850	Eilenburg/Sachsen	"drei angesehene, wenn auch nicht wohl habende Bürger der 'Stadt'"	-	Arbeiter/Handwerker	Schulte, M., 1980 S.91/92, 122
1855	Stuttgart	Männer der verschiedensten politischen Ansichten	Staatsschuldenzahlungskassenbuchhalter, 5 Gemeinderatsmitglieder, Werkmeister, Kaufmann	-	Huß, H.-P.,1977, S.85/86; Hasselmann, E., 1964a, S.23
1861	Elberfeld	4 Arbeiter holten teilweise den Rat "einiger sich für die Sache interessierender Männer aus den höheren Ständen	-	unter anderem Handwerker und Arbeiter	Schulte, M., 1980, S.207
1863	Witten	Friedrich Spiethoff	-	überwiegend Arbeiter	Konsumgenossenschaft Dortmund-Hamm-Bochum, 1967, S.7
1864	Stuttgart 1	Arbeiterbildungsverein 2	Verleger, Geometer, Bankier, selbständiger Lithograph	Handwerker, Bürger, Arbeiter	Schulte, M., 1980, S.122, 183; Huß, H.-P., 1977, S.288

Fortsetzung Tabelle 4:

GRÜNDUNGSJAHR	ORT	INITIATOREN	ERSTE GEWÄHLTE VERTRETER	GRÜNDUNGSMIT-GLIEDER	QUELLE
1865	Esslingen	Arbeiterbildungsverein²	Schlosser, Sprachlehrer, Dreher, Spinnmeister	vorwiegend verheiratete, in Fabriken beschäftigte, handwerklich ausgebildete Arbeiter (96 %)	Huß, H.-P., 1977 S.294
1865	Göppingen	Arbeiterbildungsverein	2 Fabrikanten, 2 Handwerksmeister, 2 Beamte, 1 Kaufmann	Mitglieder des ABV und andere	Huß, H.-P., 1977 S.299
1865	Ravensburg	Arbeiterbildungsverein, Handwerksmeister	-	-	Huß, H.-P., 1977 S.303
1865	Heidenheim	Arbeiterbildungsverein	Vorstand identisch mit Schriftführer im ABV	-	Huß, H.-P., 1977 S.311
1865	Aalen	Arbeiterbildungsverein	-	beschränkt auf Mitglieder des ABV	Huß, H.-P., 1977 S.316
1865	Schramberg	Fabrikarbeiter	-	Fabrikarbeiter	Huß, H.-P., 1977 S.318
1865	Ludwigsburg	-	Offiziere, Militärbeamte	hauptsächlich Offiziere	Huß, H.-P., 1977 S.320
1865	Lörrach	"Familienväter", die alle in einer Fabrik arbeiteten	-	Arbeiter	Hasselmann, E., 1964a, S.20/21

Fortsetzung Tabelle 4:

GRÜNDUNGSJAHR	ORT	INITIATOREN	ERSTE GEWÄHLTE VERTRETER	GRÜNDUNGSMIT-GLIEDER	QUELLE
1865	Freiburg/Breisgau	Fabrikant	Fabrikant, Oberpostdirektor, Hofzahlmeister, Kaufleute	-	Konsumgenossenschaft Freiburg, 1965, S.9
1865	Herbede	-	-	reiner Arbeiterverein	Konsumgenossenschaft Dortmund-Hamm-Bochum, 1967, S.7
1866	Ulm	-	Militärbeamte, Fabrikant, Juristen, Professor	bis zu 90% Offiziere und Militärbeamte	Huß, H.-P., 1977 S.325/326
1867	Geislingen	Turn-, Gewerbe-, Gesangverein	Beamter, Handwerksmeister	-	Huß, H.-P., 1977 S.333
1867	Schwäbisch Hall	Bauinspektor	Bauinspektor, Beamte	-	Huß, H.-P., 1977 S.338

1) Berichte über die Gründung des Stuttgarter Konsumvereins erwähnen meist den besonderen Einfluß E. Pfeiffers auf dessen Gründung. Huß bemerkt dazu, daß dessen Name im "Beobachter", einer Stuttgarter Tageszeitung zum ersten Mal am 3.4.1864 erwähnt wurde, also lange nachdem die ersten konsumgenossenschaftlichen Bestrebungen bereits vorhanden waren. E. Pfeiffer selbst meinte dazu: "Nun kann ich mir aber nicht das Verdienst zuschreiben, diesen Verein gegründet oder in seine allerdings sehr befriedigende Lage gebracht zu haben. Der genannte Verein ist aus Arbeiterkreisen hervorgegangen; Arbeiter haben die Statuten entworfen, berathen und fertiggestellt." (Innung der Zukunft, Nr.22, Jahrgang 1865 in: Huß, H.-P., 1977, S.287 Fußnote 1)

2) ABV = Arbeiterbildungsverein

Es kann jedoch davon ausgegangen werden, daß unter dem hier verwendeten Begriff Arbeiter zu verstehen sind, die zwar in Fabriken beschäftigt waren, die aber meist eine handwerkliche Ausbildung besaßen und somit nicht dem mittellosen Industrieproletariat zugerechnet werden können, sondern zur "Arbeiterelite" gezählt werden müssen (Conze, W., 1968, S.122). Ein Beispiel dafür stellt der Stuttgarter Konsumverein dar, in dessen Mitgliederverzeichnis fast ausschließlich handwerklich vorgebildete Personen aufgeführt sind, "die aber zum überwiegenden Teil in Fabrikbetrieben tätig waren" (Huß, H.-P., 1977, S.289).

Die Arbeiterbildungsvereine, die, wie in Tabelle 5 zu sehen ist, in Württemberg auf einige Konsumvereinsgründungen maßgeblichen Einfluß hatten, waren Huß zufolge meist in den Händen von Handwerksmeistern (Huß, H.-P., 1977, S.20).

Dem Jahresbericht Schulze-Delitzsch von 1860 kann eine weitere Information über konsumgenossenschaftliche Initiatoren entnommen werden. Er gibt die Berufe beziehungsweise Titel der Vorstände von sechs Konsumvereinen an, wobei es sich um einen Wirkermeister, einen Schneidermeister, einen Gerbermeister, einen Doktor, einen Advokaten und einen Seifenfabrikanten handelte (Schulze-Delitzsch, H., Jahresbericht 1860, S.33/34, in: Schulte, M., 1980, S.94).

Aus diesen Angaben wird ersichtlich, daß bis zum Ende der sechziger Jahre des 19. Jahrhunderts die Gründung von Konsumgenossenschaften nicht, wie in der Literatur oft dargestellt, hauptsächlich eine Angelegenheit des Mittelstandes war, sondern daß sowohl unter den Gründungsmitgliedern als auch unter den Initiatoren Angehörige der Mittelschicht, also Handwerker, Beamte und Angehörige freier Berufe und handwerklich gebildete Arbeiter waren, also die "Arbeiterelite" ihnen ebenfalls zuzurechnen ist.

Tabelle 5: Mitgliederstruktur der württembergischen Konsumvereine am 1.1.1968.

Die Daten in dieser Tabelle erfassen 80% der gesamten württembergischen Konsumvereinsmitglieder

KONSUMVEREIN	MITGLIEDERZAHL	DAVON									
		HAND- U. FABRIK-ARBEITER		HANDWERKS-MEISTER		KAUFLEUTE		BEAMTE		SONSTIGE MITGLIEDER	
	ZAHL	ZAHL	%	ZAHL	%	ZAHL	%	ZAHL	%	ZAHL	%
Stuttgart	1 121	291	26	146	13	112	10	190	17	382	34
Esslingen	371	356	96	7	2	-	-	-	-	8	2
Heilbronn	160	16	10	54	34	24	15	11	7	55	34
Berg/Stgt.	51	32	63	2	4	-	-	1	2	16	31
Bietigheim	70	52	74	18	26	-	-	-	-	-	-
Aalen	43	31	73	3	6	-	-	-	-	-	-
Schramberg	99	86	87	6	6	-	-	2	2	5	5
Wasseralfingen	122	66	54	13	11	-	-	26	21	17	14
Ulm	266	17	6	13	5	4	2	130	49	102	38
Cannstatt	164	142	87	6	3	-	-	2	1	9	9
Geislingen	75	34	45	21	28	-	-	6	8	15	19
Schwäbisch Hall	48	14	29	2	4	-	-	24	50	8	17
SUMME	2 590	1 137	44	291	12	140	5	392	15	630	24

Quelle: Der Consumverein a.a.O., Nr.2 II. Jahrgang 1869, S.20, in: Huß, H.-P., 1977, S.362

4.2.2. Herleitung konsumgenossenschaftsgeeigneter Bedürfnisse

Es wurde bereits darauf hingewiesen, daß Bedürfnisse und Interessen als variabel angesehen werden, Vergangenheitserfahrungen und aktuelle sozioökonomische Entwicklungen auf sie also einen entscheidenden Einfluß haben. Vergangenheitserfahrungen von Individuen werden dabei stark von ihrer Sozialisation geprägt, die nach Badura folgende Prozesse beinhaltet:

1. "Prozesse der Einschränkung individueller Perzeptions- und Handlungsalternativen" und
2. "Prozesse, die zur Entwicklung der Persönlichkeit des Einzelnen beitragen und damit nicht nur zur Restriktion, sondern auch zur Erweiterung seiner Perzeptions- und Handlungsmöglichkeiten" (Badura, B., 1972, S.72).

Der Prozeß, in dem festgelegt wird, welche Bedürfnisorientierungen Menschen verinnerlichen, ist dabei nicht auf die Primärsozialisation beschränkt, sondern setzt sich in der Sekundärsozialisation fort, "in deren Verlauf sich schichtenspezifische (sub-)kulturelle Traditionen herausbilden und verfestigen. Diese Traditionen werden in Entscheidungssituationen den 'internen Zustand' der Entscheidungsträger mitbestimmen und von daher ihre Entscheidungen qualifizierend determinieren" (v. Brentano, D., 1980, S.189).

Diese in Sozialisationsprozessen vermittelten präferentiellen Orientierungen an bestimten Bedürfnissen sind ständigen Wandlungen ausgesetzt, was besonders in Zeiten starker gesellschaftlicher Veränderungen, wie dies zur Zeit der Konsumgenossenschaftsgründungen der Fall war, zutrifft. Es ist nun denkbar, daß die Anpassungs- und Umstellungsprozesse der Menschen auf solche Veränderungen nicht synchron und gleichgerichtet verlaufen, sondern daß Reaktionen der Anpassung einhergehen mit Reaktionen der Beharrung oder der Regression, wobei innerhalb ein und derselben Person oder Gruppe unterschiedliche Reaktionen auftreten können (v. Brentano, D., 1980,S.190).

An dem besonders anfangs dominierenden Bestreben der Konsumgenossenschaften nach Sicherung und Verbesserung der Einkommensverwendungssituation läßt sich unschwer erkennen, daß die Mitglieder der ersten Konsumgenossenschaften bevorzugt an der Bedarfsdeckung - worunter im Gegensatz zur Orientierung an der Gewinnmaximierung die Orientierung an der Befriedigung der Nachfrage der Bedarfsträger zu verstehen ist - und nicht an einer Verbesserung der Lohnerzielung interessiert sind.
"Im 17. und 18., sowie bis spät ins 19. Jahrhundert hinein, galt, daß derjenige richtig und seinen Interessen nach lebte, der seinem Stande gemäß lebte. Unterschiedliche, aber angemessene Lebenshaltung stellen noch im

18. Jahrhundert eine verbürgte und selbstverständliche Ordnung dar, mit deren Hilfe Standesunterschiede gesichert wurden " (v. Brentano, D., 1980, S.192). Brentano zufolge spielte die Statusdimension Konsum, die angemessene Bedarfsdeckung, zur Festlegung der Schichtzugehörigkeit eine große Rolle. Da diese Orientierung am Bedarf mit den neuen Lebensumständen nicht in Konflikt kam, konnte sie die gesellschaftsstrukturellen Veränderungen überdauern.

Diese Bedarfsorientierung, sowohl der Mittel- als auch der Unterschicht, wurde darüberhinaus verstärkt durch deren Erfahrung, daß bei jahrzehntelang konstanten Nominallöhnen eine Gefährdung der Lebenshaltung, überwiegend durch Preissteigerungen und durch Verknappung der Nahrungsmittel verursacht wurden (Abel, W., 1974, S.320-322).

Auf dem Hintergrund dieser Überlegungen kann nun davon ausgegangen werden, daß die Angehörigen der Mittel- und Unterschicht im 19. Jahrhundert durch Tradition und Erfahrung in ihrer Rolle als Verbraucher sensibilisiert waren. Die mit der Industrialisierung entstandene Situation für Verbraucher auf Konsumgütermärkten mit ihren Abhängigkeiten führte daher dazu, daß Verbraucher befürchteten, "wiederum den normierten oder notwendigen Bedarf nicht decken zu können und von daher sogar von Statusverlusten bedroht zu sein" (v. Brentano, D., 1980, S.194), was durch ihre Erfahrungen auch bestätigt wurde.

Aus der Gegenüberstellung von Vergangenheitserfahrungen und aktueller Situation läßt sich ein weiteres vorhandenes Bedürfnis erklären. Wie bereits beschrieben, war mit der Veränderung der wirtschaftlichen Bedingungen für den Einzelnen eine veränderte soziale Situation verbunden. Die erfahrene Vereinzelung und Individualisierung durch Auflösung der Großfamilie stand im starken Gegensatz zu der bis dahin gewohnten Lebensgemeinschaft, woraus verständlich wird, daß das bei den Individuen traditionell vorhandene Bedürfnis nach Gemeinschaft intensiviert wurde.

Als erste Bedingung für das Entstehen von Konsumgenossenschaften kann somit die Sensibilisierung einer abgrenzbaren Bevölkerungsgruppe in ihrer Rolle als Verbraucher und hinsichtlich ihres Bedürfnisses nach Gemeinschaft festgehalten werden.

Wie bereits mehrfach erwähnt, reicht die Existenz von Bedürfnissen jedoch nicht aus, um Menschen zur Selbstorganisation zu veranlassen. Wäre dies der Fall, hätten im Lauf der Geschichte wesentlich mehr Selbstorganisationen entstehen müssen. Es ist darüberhinaus erforderlich, daß aus Bedürfnissen Interessen hervorgehen, die ihrerseits intensiviert werden müssen, damit hieraus eine generelle Handlungsbereitschaft entsteht.

4.3. Die Entwicklung einer kollektiven Handlungsbereitschaft bei potentiell konsumgenossenschaftsgeeigneten Personen

4.3.1. Die Theorie der relativen Deprivation

Zur Erklärung der Entstehung einer generellen Handlungsbereitschaft von Verbrauchern wird hier die Theorie der relativen Deprivation herangezogen. Mit ihrer Hilfe soll ermittelt werden, unter welchen objektiven Bedingungen und Veränderungen Individuen Interessen entwickeln und intensivieren und damit zu einer generellen Handlungsbereitschaft veranlaßt werden. Nach Beckmann bildet dieses Konzept "sozusagen die 'Nahtstelle' zwischen objektiven gesellschaftlichen Bedingungen, ihren Veränderungen und bestimmten 'Motivationslagen' der Individuen " (Beckmann, M., 1979, S.101).

Die folgenden Ausführungen zur Theorie der relativen Deprivation lehnen sich nicht nur an Beckmanns Darlegungen an, weil er über die verschiedenen vorhandenen Ansätze dieser Theorie einen guten Überblick gibt, sondern vor allem auch, weil er sie auf die Erklärung sozialer Bewegungen angewendet hat.

Die Theorie der relativen Deprivation basiert auf dem Gedanken, daß bei Menschen Unzufriedenheit hervorgerufen wird, wenn etwas, was sie zu haben wünschen, zu einem Vergleichsmaßstab oder -standard in Beziehung gesetzt wird; perzipierte beziehungsweise antizipierte Diskrepanz zwischen Ansprüchen und vorhandenen Realisierungsmöglichkeiten (relative Deprivation) führt dann bei den Individuen zu einem allgemeinen Verhaltensanreiz (Interesse), die aufgetretene Diskrepanz zu reduzieren.

Dabei stellen Ansprüche, auch Erwartungen genannt, mehr dar als bloße Wünsche; bei ihnen handelt es sich um Güter und Lebensumstände, die den Individuen ihrer Ansicht nach zustehen, die also legitim sind. Unter vorhandenen Realisierungsmöglichkeiten werden jene Güter und Lebensumstände verstanden, von denen Individuen meinen, daß sie sie erreichen und beibehalten können (Beckmann, M., 1979, S.109/110, 119). Gewohnheit und ein unter Individuen verbreiteter Konsens, daß die Aufrechterhaltung oder Erlangung bestimmter Wertpositionen angemessen ist, transformieren Erwartungen in legitime Erwartungen, also Wertpositionen zu einem Anspruch, wobei die Höhe des Anspruchsniveaus von der jeweiligen Höhe der Wertposition abhängt. Unter der Wertposition eines Individuums wird dessen sozioökonomischer Status verstanden beziehungsweise die "Lebensumstände, die die Menschen mit Hilfe ihrer Arbeitskraft oder aufgrund ihrer Herkunft (...) erworben oder geschaffen haben und deren Beibehaltung sie für moralisch gerechtfertigt halten" (Beckmann, M., 1979, S.120).

Der in der Theorie der relativen Deprivation implizierte Vergleich kann grundsätzlich auf zweierlei Art und Weise erfolgen: horizontal und vertikal.

1. Vertikale Vergleichsprozesse

Nehmen Individuen wahr, daß sich ihre eigene Wertposition innerhalb der Gesellschaft verschlechtert, entweder absolut oder relativ zu den gesellschaftlich vorhandenen Möglichkeiten, ohne daß sie gleichzeitig Mittel und Wege sehen, die eine Aufrechterhaltung der gewohnten Position gewährleisten, reagieren sie darauf mit Unzufriedenheit. Hierbei ist es unerheblich, ob die wahrgenommene Verschlechterung schon eingetreten ist oder ob sie von den Betroffenen antizipiert wird.

2. Horizontale Vergleichsprozesse

Horizontale Vergleichsprozesse oder Vergleiche an Bezugsgruppen liegen dann vor, wenn Individuen ihre eigenen Merkmale oder ihre eigene Situation an denen/derjenigen von "Dritten" orientieren, wobei mit "Dritten" Einzelpersonen, Gruppen oder Kategorien von Menschen gemeint sind.
Nach der Bezugsgruppentheorie orientieren sich Individuen dann an Dritten, wenn:

1. Individuum A annimmt, daß Personen, die gleiche Merkmale aufweisen, gleiche Ergebnisse erzielen,
2. A an sich die gleichen Merkmale feststellt, wie an einer dritten Person/Personengruppe B und
3. A weiter feststellt, daß B ein Ergebnis erzielt, das von ihm selbst positiv bewertet, jedoch nicht erreicht wird, obwohl dies nach 1. der Fall sein sollte.

Die Folge ist eine relative Deprivation von A gegenüber B, die bei A zu Unzufriedenheit führt.
Stehen Individuum A mehrere potentielle Gruppen zur Verfügung, an denen es sich orientieren kann, vergleicht es sich mit jener, deren Hintergrundmerkmale seinen eigenen Merkmalen am ähnlichsten sind (Beckmann, M., 1979, S.131-135). Unter Hintergrundmerkmalen werden all jene Merkmale verstanden, "die ein Mensch im Laufe seines Lebens erworben bzw. beibehalten hat und die er zu einem bestimmten Zeitpunkt präsentiert (Erfahrung, Geschicklichkeit, Alter, Geschlecht, Intelligenz, Status, Hautfarbe, etc.)" (Beckmann, M., 1979, S.135).

3. Steigende Erwartungen aufgrund horizontaler und vertikaler Vergleichsprozesse

Die oben geschilderten Vergleichsprozesse führen nicht nur zu Unzufriedenheit, falls Diskrepanzen festgestellt werden. Sie haben darüberhinaus einen entscheidenden Einfluß auf die Höhe des Anspruchsniveaus, den Erwartungswert von Personen.

Aus der Vielfalt möglicher Vergleichsprozesse, die zu einem Ansteigen von Erwartungen führen, werden hier diejenigen berücksichtigt, die geeignet erscheinen, die Entstehung eines Interesses an der Gründung von Konsumgenossenschaften zu erklären.
Werden Individuen mit einer neuen Lebensweise konfrontiert, die ihnen Bedürfnisbefriedigung auf einem höheren Niveau verspricht, dann kann das - so Gurr (Gurr, T., 1972, in: Beckmann, M., 1979, S.146) - dazu führen, daß Individuen aufgrund dieses Demonstrationseffektes ihre legitimen Erwartungen neu definieren und darüberhinaus "Glaubensformen entwickeln, die eine Erhöhung ihrer Erwartungen rechtfertigen" (Beckmann, M., 1979, S.147). Der Demonstrationseffekt ist umso wirksamer, je unzufriedener Individuen mit ihrer bisherigen Lebensform waren, wobei allerdings gewährleistet sein muß, daß die Betroffenen Mittel und Wege sehen, die gegebene Alternative zu realisieren. Das ist vor allem dann der Fall, wenn diese Lebensform von einigen Individuen ihrer Bezugsgruppe bereits verwirklicht worden ist.
Der Wunsch nach Erhöhung der eigenen Wertposition kann auch dadurch entstehen, daß in einer Gesellschaft bestimmte Ziele so geschätzt sind, daß über die Wünschbarkeit ihrer Verwirklichung unter vielen Gesellschaftsmitgliedern Konsens besteht.
In jeder Gesellschaft gelten Normen, die Aussagen über die anerkannten Mittel zur Zielerreichung treffen. Werden diese Normen ebenfalls von vielen Individuen internalisiert und haben die Individuen darüberhinaus eine Theorie, nach der "jeder die gleichen Zugangsmöglichkeiten zu bestimmten Mitteln hat, um seine Ziele zu realisieren" (Beckmann, M., 1979, S. 152), dann entwickeln Individuen legitime Erwartungen, daß bestimmte Ziele durch anerkannte Mittel realisiert werden können.
Machen Individuen nun die Erfahrung, daß sich ihre legitimen Erwartungen auf Verbesserung der eigenen Situation nicht erfüllen, und/oder daß sich ihre Wertpositionen sogar verschlechtern, reagieren sie darauf mit dem Gefühl der Unzufriedenheit. Nach Beckmann entsteht Unzufriedenheit und damit Handlungsbereitschaft bevorzugt in Gesellschaften, die sich durch ökonomisch-technischen Wandel, vertikale Mobilität und den Glauben an allgemeine Gleichheitspostulate auszeichnen (Beckmann, M., 1979, S.154).
Inwieweit treffen diese theoretischen Ausführungen nun auf die konsumgenossenschaftliche Gründungssituation zu ?

4.3.2. Die Entstehung einer generellen Handlungsbereitschaft bei potentiell konsumgenossenschaftsgeeigneten Personen

An dieser Stelle wird deutlich, daß potentiell konsumgenossenschaftsgeeignete Personen nicht nur Bedürfnis- und Wertorientierungen beibehalten, sondern daß sie ebenso neue Bedürfnis- und Werthorizonte internalisiert haben mußten, um feststellen zu können, daß "die eigene Lebenshaltung, insbesondere auch als Statusdimension, nicht unantastbar und obrigkeitsstaatlich fixiert, sondern legitimermaßen beeinflußbar und gestaltbar ist" (v. Brentano, D., 1980, S.195).

Das Stichwort Industrialisierung mag an dieser Stelle genügen, um auf eine Gesellschaft hinzuweisen, die durch starken ökonomisch-technischen Wandel gekennzeichnet war. Gleichheit der Menschen vor dem Gesetz, Gleichheit der Geschlechter, Schutz der Person und des Eigentums, Freiheit des Gewissens, Unabhängigkeit der Gerichte - Rechte, die erstmals gesetzlich verankert wurden - sollten eine freie Entfaltung der Person, Schaffung und Sicherung von Wohlstand und Entfaltung des subjektiven Glücks ermöglichen (Schulte, M., 1980; S.41/42), Dies trug dazu bei, daß Gedanken der Gleichberechtigung, der Chancengleichheit und Erwartungen einer Verbesserung der sozioökonomischen Situation bei vielen Mitgliedern der Mittelschicht und der "Arbeiterelite" Verbreitung fanden.

Veränderte ökonomische Bedingungen unterstützen diese Erwartungen; anders als in der ständischen Gesellschaft wurde das "Einrücken in viele berufliche Positionen, besonders in die führenden, nicht mehr vorwiegend an die Herkunft oder an den Besitz gebunden (...), sondern in allmählich zunehmendem Maße an die Leistung" (Schildt, G., 1977, S.709). Schildt zufolge wurde, durch den Einfluß der Aufklärung, Bestehendes in Frage gestellt - überkommene Berufe, der althergebrachte Status ebenso wie die Sozialstruktur als Ganzes.

Daß die veränderten gesellschaftlichen Bedingungen eine neue Lebensweise mit einer Bedürfnisbefriedigung auf einem höheren Niveau tatsächlich zuließen, konnte an jenen selbständigen Handwerkern und Unternehmern festgestellt werden, die es zu Wohlstand gebracht hatten, so daß die Erwartung an Aufstiegschancen den Menschen damals durchaus berechtigt erscheinen mußte. Aus den genannten Gründen kann somit angenommen werden, daß vor beziehungsweise zur Zeit der Entstehung der ersten Konsumvereine die Voraussetzungen für vertikale Mobilität gegeben waren und diese somit bei Individuen nicht nur zu einer Entwicklung legitimer Interessen hinsichtlich der Aufrechterhaltung ihrer eigenen Lebenshaltung, sondern sogar zu einer Steigerung von deren Anspruchsniveau führen konnten.

Aus den für Konsumgenossenschaften formulierten Zielen läßt sich unschwer erkennen, daß sich Erwartungen nach Aufrechterhaltung und Verbesserung der eigenen sozioökonomischen Situation bei den Verbrauchern entwickelt hatten. Der krasse Gegensatz, der zwischen diesen gestiegenen Erwartungen und der tatsächlichen Lage bestand - diese war sogar so schlecht, daß elementare Bedürfnisse wie das nach Ernährung nur mangelhaft befriedigt werden konnten - löste nach der Theorie der relativen Deprivation bei den Betroffenen Unzufriedenheit aus. Sie wurde durch die Verschlechterung der Wertposition, die vor allem bei den ehemals selbständigen Handwerkern auftrat, (vgl. 4.1.1.) bei einem Teil der Betroffenen zusätzlich intensiviert.

Allerdings galten diese Bedingungen in der ersten Hälfte des 19. Jahrhunderts nur für die Mittelschicht, wozu in diesem Fall auch die "Arbeiterelite" gezählt wird, die jedoch keine Bezugsgruppe der nichtprivilegierten Arbeiter darstellte. Deren Situation war vielmehr geprägt von Aufstiegsbarrieren und damit einer Trennung und Isolierung von der übrigen Gesellschaft, was für sie eine Entfernung von der Lebenslageverbesserung mit sich brachte. Verstärkt wurde diese Situation durch eine überlieferte Mentalität der Unterordnung. Im Gegensatz zu Mitgliedern der Mittelschicht und der "Arbeiterelite" richtete sich die große Mehrzahl der gewöhnlichen Gesellen und ungelernten Arbeiter nach Normen, die sie davon abhielten, sich um des sozialen Aufstiegs willen anzustrengen (Marquardt, F.D., 1975, S.53, in: v. Brentano, D., 1980, S.196).
Im Unterschied zu Angehörigen der Mittelschicht und der "Arbeiterelite" war die Unterschicht zwar zur äußerlichen Anpasssung an veränderte Lebensbedingungen gezwungen, sie hatte jedoch Bedürfnis- und Werthorizonte, die der gesellschaftlichen Entwicklung angepaßt waren, nicht internalisiert.

Aus dieser Darstellung ergibt sich eine weitere Voraussetzung, die bei der Gründung von Konsumgenossenschaften eine Rolle spielte.
Die weitreichenden gesellschaftlichen Veränderungen hatten dazu geführt, daß Angehörige der Mittelschicht und der "Arbeiterelite" ein legitimes Interesse nicht nur nach Aufrechterhaltung, sondern nach Verbesserung der eigenen Lebenshaltung entwickelt hatten. Dieses Anspruchsniveau stand jedoch im krassen Gegensatz zu der tatsächlich erlebten Situation, was nach der Theorie der relativen Deprivation bei den Betroffenen zu einer Unzufriedenheit führte, wodurch eine allgemeine Handlungsbereitschaft ausgelöst wurde, die aufgetretene Diskrepanz zu reduzieren.

4.3.3. Die Suche nach der Deprivationsursache

Geht man davon aus, daß Menschen das Bedürfnis haben, Situationen, die für sie von Bedeutung sind, auf eine ihnen entsprechende Weise sinnvoll und integriert zu strukturieren, dann entsteht aus dem Auftreten von relativer Deprivation für Individuen die Notwendigkeit, für diese Erfahrungen, die ihrem bereits existierenden kognitiven System widersprechen, Erklärungen zu suchen. Der Fall der Anpassung von Erwartungen an veränderte Umweltbedingungen wird hier deshalb nicht berücksichtigt, weil davon ausgegangen wird, daß legitime Erwartungen, auf deren Realisierung Individuen ja ein Anrecht zu haben meinen, eine hohe Resistenz aufweisen (Beckmann, M., 1979, S.159).

Die Erklärung der widersprechenden Erfahrungen wird unter anderem von den Betroffenen in der Formulierung von Hypothesen versucht, die geeignet sind, die gemachten Erfahrungen zu erklären. Kelley bezeichnet die Suche nach Ursachen als "Attribution" (Kelley, H.H., 1967, S.196, in: Beckmann, M., 1979, S.161).

Es lassen sich zwei Arten der Attribution unterscheiden:

1. kann die Schuld für die Nichterfüllung legitimer Ansprüche der eigenen Person zugeschrieben werden (interne Attribution), oder
2. kann es sein, daß Individuen die Schuld für die Deprivation in anderen Personen/äußeren Umständen suchen (externe Attribution)

Auf welche Faktoren können diese unterschiedlichen Reaktionen zurückgeführt werden ?

Da zur Erklärung der Entstehung von Konsumgenossenschaften nur diejenigen Faktoren von Interesse sind, die zu externer Attribution führen - Personen, die sich selbst für das Entstehen von Deprivation verantwortlich machen, werden nach individuellen Lösungen suchen und nicht nach kollektiven Lösungen, wie Konsumgenossenschaften sie darstellen - wird an dieser Stelle darauf verzichtet, auch auf jene Faktoren einzugehen, die interne Attribution begünstigen.

Beckmann nennt folgende Bedingungen , die die Wahrscheinlichkeit erhöhen, daß Individuen die Ursachen von Deprivation nicht bei sich selbst, sondern bevorzugt in äußeren Umständen suchen.

"- Je größer die Anzahl der deprivierten Individuen ist,
- je ähnlicher ihre Hintergrundmerkmale sind,
- je häufiger und regelmäßiger die Individuen miteinander agieren,
- je größer dabei die Anzahl ihrer wechselseitigen Interaktionsbeziehungen ist,
- je größer die Anzahl der Individuen ist, die die Deprivationsursache in den Systemstrukturen lokalisieren, und

- je größer die Kompetenz dieser Individuen ist,

desto wahrscheinlicher ist es, daß Individuen einen einheitlichen Erklärungsansatz entwickeln, der all die individuellen Deprivationszustände als Resultat einer einzigen Ursache in den Systemstrukturen identifiziert" (Beckmann, M., 1979, S.194/195).

Dabei tragen räumliche und soziale Nähe dazu bei, daß die Wahrscheinlichkeit von Interaktionen unter den Individuen erhöht wird. Soziale Nähe ist am größten, wo soziale Distanz am geringsten ist, was mit zunehmender Ähnlichkeit der Hintergrundmerkmale der beteiligten Personen möglich wird. Beide Faktoren stehen in engem Zusammenhang mit den Arbeitsbedingungen. So erleichtert beispielsweise die Arbeit in größeren Betrieben das Entstehen relativ stabiler informeller Interaktionsbeziehungen. Couch stellt dazu fest, daß es für Angehörige von Mittel- oder Oberschicht wahrscheinlicher ist, daß sie über stabile Beziehungen zu anderen Menschen in ähnlichen Situationen verfügen, als etwa Menschen mit dem niedrigsten Status, unter denen stabile Rollenbeziehungen weniger ausgeprägt sind (Couch, C.J., 1972, S.66, in: Beckmann, M., 1979, S.196).

Je häufiger nun Individuen mit ähnlichen Hintergrundmerkmalen agieren, und je größer dabei die Anzahl der wechselseitigen Interaktionen ist, desto eher werden diese Menschen feststellen, daß sich nicht jeder von ihnen in einer Ausnahmesituation befindet, sondern daß ihre jeweilige Situation ähnlich ist. Aus einer individuellen Benachteiligung entsteht eine kollektive Benachteiligung (Beckmann, M., 1979, S.189).

Die Interaktionen unter den Individuen haben eine weitere Auswirkung. Mit zunehmenden Interaktionen steigt die Wahrscheinlichkeit, daß sich die von Individuen zurechtgelegten Erklärungshypothesen für die Ursachen von Deprivation aneinander angleichen und schließlich den Betroffenen ein Erklärungssystem zur Deutung ihrer sozialen Lage liefern. Da die von Deprivation Betroffenen daran interessiert sind, ihre unbefriedigende Situation zu ändern, und der Erklärungsansatz für alle Beteiligten Gültigkeit hat, wird aus dem individuellen Streben nach Beseitigung der Deprivation ein kollektives Interesse (Beckmann, M., 1979, S, 189).

Zwar steigt beim Vorliegen der oben genannten Bedingungen die Wahrscheinlichkeit, daß Individuen die Ursache von Deprivation in den Systemstrukturen suchen, doch werden die Betroffenen dies erst dann tatsächlich tun, wenn sie erkennen, daß Abhängigkeitsbeziehungen und Verantwortlichkeiten innerhalb einer Gesellschaft die Schuld an der Deprivation anzulasten ist. Das ist zum Beispiel der Fall, "wenn die Bereitstellung bestimmter Leistungen mit bestimmten Institutionen oder Gruppen in der Gesellschaft verknüpft ist, so daß ein Ausbleiben der Leistungen eindeutig auf das Verhalten dieser Gruppen oder Institutionen zurückgeführt werden kann" (Beck-

mann, M., 1979, S.191).
In diesem Zusammenhang ist von Bedeutung, ob in einer Gruppe deprivierter Individuen entweder Mitglieder sind, die Abhängigkeitsbeziehungen und Verantwortlichkeiten aufgrund ihres Bildungsstandes erkennen, oder daß Kontakte zu geeigneten Personen oder bereits existierenden Organisationen bestehen, die diese Funktion ebenfalls erfüllen können. Es ist anzunehmen, daß diese Personen aus der Ober- oder Mittelschicht stammen, da in ihnen der erforderliche Bildungsstand weiter verbreitet ist (Beckmann, M., 1979, S.192).

4.3.4. Die Entstehung einer kollektiven Handlungsbereitschaft bei potentiell konsumgenossenschaftsgeeigneten Personen

In der folgenden Tabelle 6 wird gezeigt, inwieweit die Voraussetzungen für externe Attribution bei der Gründung einiger ausgewählter Konsumgenossenschaften erfüllt waren.
Abgesehen von wenigen Ausnahmen, wie zum Beispiel Hamburg oder Stuttgart, entstanden die meisten Konsumgenossenschaften in industrialisierten Klein- und Mittelstädten (Schulte, M., 1980, S.182). Es kann angenommen werden, daß schon aufgrund der geringeren Einwohnerzahlen dieser Städte die Voraussetzungen für "räumliche Nähe" günstig waren. Zusätzlich konnte gezeigt werden, daß von den siebzehn betrachteten Konsumvereinen, über deren Entstehungsbedingungen genauere Informationen auffindbar waren, zehn direkt oder unter Beteiligung von Vereinen, zwei überwiegend von Offizieren und einer von Arbeitern einer Fabrik gegründet wurden, was ein weiterer Hinweis darauf ist, daß bei der Gründung von Konsumvereinen die Bedingung räumlicher Nähe erfüllt war.

Tabelle 6: Gründung ausgewählter Konsumgenossenschaften und die strukturellen Bedingungen externer Attribution

	RÄUMLICHE NÄHE	SOZIALE NÄHE	KENNTNIS DER VERANTWORTLICHKEITEN	QUELLE
Chemnitz		homogene Mitgliedschaft (Arbeiter)		Schulte, M., 1980, S.89
Eilenburg	Arbeiterverbrüderung	Arbeiterverbrüderung		Schulte, M., 1980, S.91

Fortsetzung Tabelle 6:

	RÄUMLICHE NÄHE	SOZIALE NÄHE	KENNTNIS DER VER-ANTWORTLICHKEITEN	QUELLE
Stuttgart 1			"Nur durch Konsumvereine kann man dem Lebensmittelwucher gründlich zu Leibe gehen u. ihn vernichten, weil man ihm dadurch den Lebensnerv abschneidet".	Neues Tagblatt Nr.228 30.9.1855 in: Huß, H.-P., 1977, S.85
Stuttgart 2	ABV¹	ABV		Huß, H.-P., 1977, S.284/285
Esslingen	ABV	ABV 96% Hand- u. Fabrikarbeiter		Huß, H.-P., 1977, S.294/297
Göppingen	ABV	ABV	Konsumverein, "eine vollkommen legale Nothwehr der Consumenten gegen die Willkür d.Verkäufer"	Göppinger Wochenblatt Nr.70 2.9.1865 in: Huß, H.-P., 1977, S.302
Ravensburg	ABV	ABV		Huß, H.-P., 1977, S.303
Heidenheim	ABV	ABV		Huß, H.-P., 1977, S.312
Aalen	ABV	ABV		Huß, H.-P., 1977, S.314
Schramberg	Kleinstadt	87% Hand- und Fabrikarbeiter		Huß, H.-P., 1977, S.318

Fortsetzung Tabelle 6:

	RÄUMLICHE NÄHE	SOZIALE NÄHE	KENNTNIS DER VER-ANTWORTLICHKEITEN	QUELLE
Ludwigsburg		hauptsächlich Offiziere, Unteroffiziere u. Beamte		Huß, H.-P., 1977, S.320
Lörrach	Industriestadt mit 5000 E., Arbeiter einer Fabrik	Arbeiter einer Fabrik	"Treiben der Kaufmannschaft", die für die "Preiserhöhung sämtlicher Produkte" verantwortlich ist.	Hasselmann, E., 1965a, S,21/22
Ulm		bis zu 90% der Mitglieder Offiziere, Militärbeamte		Huß, H.-P., 1977, S.326
Tuttlingen	ABV	ABV		Huß, H.-P., 1977, S.327
Cannstatt		hoher Anteil an Hand-u.Fabrikarbeitern		Huß, H.-P., 1977, S.330
Geislingen	Turn-u.Gesangsvereine, Gewerbeverein	Turn-u.Gesangsvereine, Gewerbeverein		Huß, H.-P., 1977, S.333
Calw	ABV	ABV		Huß, H.-P., 1977, S.340

1) ABV = Arbeiterbildungsverein

Des weiteren gehen neun der zehn unter der Beteiligung von Vereinen gegründeten Konsumgenossenschaften auf die Initiative von Arbeiterbildungsvereinen zurück. Es kann davon ausgegangen werden, daß in diesen Vereinen sowohl soziale Nähe, als auch die Kenntnis von Verantwortlichkeiten innerhalb der Gesellschaft vorhanden waren. Diese These stützt sich darauf, daß zum einen die Mitglieder der Arbeiterbildungsvereine, wie der Name schon andeutet, sich überwiegend aus Arbeitern zusammensetzten, und somit auf eine relativ homogene Mitgliederstruktur geschlossen werden kann. Zum anderen gibt die Zielsetzung der Vereine: "Bildung sollte dem Arbeiter nicht nur eine größere geistige Unabhängigkeit geben, sie sollte ihn auch auf den Weg zu einem höheren Lebensniveau weisen" (Hasselmann, E., 1965b, S.9), Anlaß zu der Vermutung, daß deren Mitglieder über Kenntnisse verfügten, wie Zuständigkeiten innerhalb der Gesellschaft verteilt waren.

Bei den Konsumgenossenschaften, die unabhängig von Arbeiterbildungsvereinen entstanden, konnten Hinweise darauf gefunden werden, daß der Handel von den Mitgliedern der Konsumvereine für die unzulängliche Situation der Verbraucher verantwortlich gemacht wurde (Stuttgart, Lörrach). Außerdem konnte für alle diese Konsumgenossenschaften nachgewiesen werden, daß ihre Mitgliederstruktur bei der Gründung homogen war und daß sich unter den Initiatoren Personen befanden, die höhere Bildung hatten (siehe Tabelle 4), von denen also angenommen werden kann, daß sie über entsprechende Kenntnisse gesellschaftlicher Zusammnhänge verfügten.

Auf der Grundlage der hier zur Verfügung stehenden Informationen kann somit angenommen werden, daß die zur Entstehung struktureller Attribution relevanten Bedingungen im Zusammenhang mit der Gründung von Konsumgenossenschaften erfüllt waren.

4.4. Die Entwicklung konsumgenossenschaftsgeeigneter Zielvorstellungen

In den bisherigen Ausführungen wurde versucht aufzuzeigen, welche Bedürfnisse grundsätzlich konsumgenossenschaftsgeeignet sind, unter welchen Bedingungen Verbraucher veranlaßt werden, eine generelle Handlungsbereitschaft zu entwickeln, und unter welchen Voraussetzungen daraus schließlich eine kollektive Handlungsbereitschaft entsteht.
Diese Ausführungen erklären jedoch noch nicht, unter welchen Bedingungen diese kollektive Handlungsbereitschaft in zukunftsbezogene Zielvorstellungen zur Gründung von Konsumgenossenschaften einmündet. Es wird von daher nun zu untersuchen sein, wie konsumgenossenschaftsgeeignete Zielvorstellungen entstehen und von welchen Bedingungen deren Übernahme durch Verbraucher abhängt.

Schaubild 3: Einige Wege der Verbreitung des konsumgenossenschaftlichen Gedankens

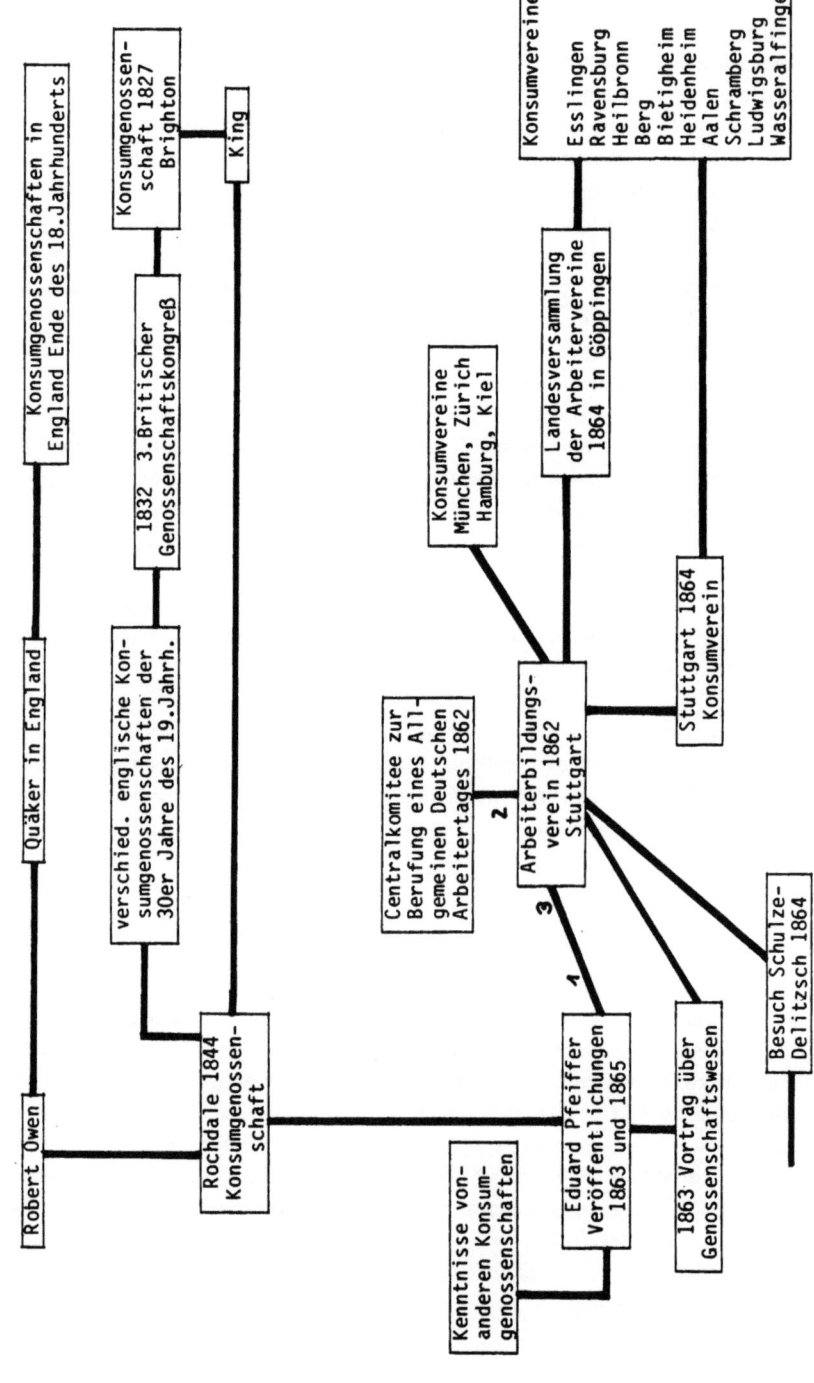

Fußnoten zu Schaubild 3:

1) Nach Huß war es nicht zu klären, ob Pfeiffer aufgrund seines Buches vom Stuttgarter Arbeiterbildungsverein (ABV) um seine Mitarbeit gebeten wurde, ob der ständige Ausschuß des Vereinstages deutscher Arbeitervereine Pfeiffer empfohlen hat oder ob sich Pfeiffer aus eigenem Entschluß direkt an den ABV wandte (Huß, H.-P., 1977, S.287).

2) Das "Stuttgarter Neue Tagblatt" veröffentlichte am 22.11.1862 einen "Aufruf an die deutschen Arbeiter", in dem unter anderem die Gründung von Associationen vorgeschlagen wurde (Huß, H.-P., 1977, S.282).

3) Die Veröffentlichungen von Eduard Pfeiffer hatten folgende Titel:
"Über Genossenschaftswesen. Was ist der Arbeiterstand in der heutigen Gesellschaft? Und was kann er werden ?" (1863)
Die Consumvereine: Ihr Wesen und Wirken. Nebst einer practischen Anleitung zu deren Gründung und Einrichtung." (1865)

Weitere Quellen:

Schulte, M., 1980, S.53-57
Hasselmann, E., 1971, S.127-130

4.4.1. Die Entstehung der konsumgenossenschaftsgeeigneten Idee der Selbstorganisation

Sind Verbraucher aufgrund der oben beschriebenen Prozesse grundsätzlich handlungsbereit, werden sie nach der neueren Entscheidungstheorie "nach Informationen suchen", die es ihnen ermöglichen, ihr bisheriges und unbefriedigendes Routineverhalten aufzugeben. Welche "Informationen" sie dann finden, hängt nicht nur von ihnen selbst, sondern auch von den jeweils gerade in der Umwelt vorhandenen informativen Anregungen ab (v. Brentano, D., 1980, S.205). In dieser Situation kann die Idee der genossenschaftlichen Selbstorganisation einmal von Außenstehenden an genossenschaftsgeeignete Verbraucher herangetragen werden (<u>Adoption</u>). Weitere Möglichkeiten bestehen darin, daß die betroffenen Verbraucher auf der Suche nach Informationen auf bereits existierende Konsumvereine stoßen (<u>Auffinden</u>) oder durch andere Formen der Selbstorganisation dazu angeregt werden, diesen Gedanken auf ihre speziellen Erfordernisse zu übertragen (<u>Finden</u>). Schließlich ist es denkbar, daß eine Einzelperson/Gruppe diese Idee eigenständig entwickelt (<u>Erfinden</u>) (v.Brentano, D., 1980, S.206).

Anhand von Schaubild 3 soll im folgenden am Beispiel des 1864 gegründeten Stuttgarter Konsumvereins versucht werden nachzuvollziehen, wie die konsumgenossenschaftliche Idee entstanden ist. Das Schaubild stellt dar, inwieweit vor der Gründung von Konsumgenossenschaften die Idee konsumgenossenschaftlicher Selbstorganisation bekannt war. Der Stuttgarter Konsumverein wurde hier ausgesucht, weil über dessen Gründung die meisten zeitgenössischen Informationen zur Verfügung standen.
Um Mißverständnisse zu vermeiden, sei betont, daß die in Schaubild 3 gezeichneten Verbindungslinien nur aussagen, daß Kenntnisse voneinander vorhanden waren, nicht jedoch unbedingt, daß die entsprechenden Personen oder Organisationen mit den Gründungspersonen identisch sein müssen oder in jedem Fall auf die Gründung direkten Einfluß genommen haben. Es sei weiter darauf hingewiesen, daß die aufgezeigten Verbindungen nicht vollständig sind.

Wie das Schaubild deutlich zeigt, wurde die Idee zur Gründung konsumgenossenschaftlicher Selbstorganisationen im untersuchten Zeitraum nicht "erfunden", sondern existierte schon lange Zeit vorher und wurde immer wieder aufgegriffen. Hieraus ergibt sich die Frage, von wem und unter welchen Bedingungen dieser Gedanke aufgegriffen und schließlich von weiteren Menschen übernommen wurde.

4.4.2. Die Rolle von Intellektuellen bei der Entwicklung konsumgenossenschaftsgeeigneter Zielvorstellungen

Nach Müller sind es die Intellektuellen einer Gesellschaft, zum Beispiel Schriftsteller, Journalisten, Sozialwissenschaftler, Ärzte, Rechtsanwälte, die wandlungsorientierte Ideen wie die konsumgenossenschafliche Idee entwickeln (Müller, C., 1975, S.178 in: Beckmann, M., 1979, S.219). Dies tritt vor allem dann ein, wenn vorhandene Deprivationen, "die innerhalb des herrschenden ideologischen Kontextes nicht mehr adäquat gedeutet werden können", (Beckmann, M., 1979, S.230) von denjenigen, die dafür verantwortlich gemacht werden, längere Zeit nicht beseitigt werden, da dadurch eine Legitimationskrise der Verantwortlichen ausgelöst würde. Dabei werden bevorzugt Intellektuelle , die selbst von Deprivation betroffen sind, wandlungsorientierte Ideen entwickeln.

Wandlungsorientierte Ideen enthalten neben einer Kritik der bestehenden Verhältnisse ein positives Gegenbild und Anleitungen dafür, wie dieses Gegenbild realisiert werden kann.
Es läßt sich nicht nur zeigen, daß zur Zeit der Entstehung von Konsumgenossenschaften eine solche von einem Intellektuellen entwickelte wandlungsorientierte Idee existierte, sondern auch, wie bereits mehrfach erwähnt, daß sich unter den konsumgenossenschaftlichen Initiatoren stets von Deprivation betroffene gebildete Personen befanden.

Eduard Pfeiffer, der Nationalökonomie und Finanzwissenschaft studiert hatte, sich selbst jedoch als Schriftsteller bezeichnete, war zwar als wohlhabender Bürger weniger von den damaligen Verhältnissen betroffen, "was in seiner Umwelt geschah, beobachtete, analysierte, beurteilte er (jedoch) von einem Blickpunkt aus, der sich wesentlich von dem Standort der meisten Angehörigen seiner Klasse unterschied" (Hasselmann, E., 1971, S.127). 1863 veröffentlichte er das Buch "Über Genossenschaftswesen" mit dem Untertitel: "Was ist der Arbeiterstand in der heutigen Gesellschaft ? Und was kann er werden?" Die Anregung zu der Genossenschaftsidee hat er wahrscheinlich auf einer Englandreise 1862 erhalten, in deren Verlauf er unter anderem die 1844 gegründete Konsumgenossenschaft der "Rochdaler Pioniere" kennenlernte.
"Das Buch Eduard Pfeiffers beginnt mit einer Kritik der bestehenden Zustände. Pfeiffer kommt zu dem Ergebnis, daß diese Zustände für die immer größer werdende Masse der Arbeiter immer unerträglicher werden: 'Der Reiche wird durch den ihm stets neu zufließenden Reichtum ebenso erdrückt wie der Besitzlose durch seine Arbeit. Der Proletarier, durch dessen Arbeit die Güter selbst geschaffen sind, sieht das demoralisierende Schauspiel einer unwürdigen Vergeudung von wenigen, während er selbst darbt und das Nöthigste

entbehren muß' " (Pfeiffer, E., 1863, S.31, in: Hasselmann, E., 1971, S.130).

"Je mehr die volkswirtschaftliche Entwicklung unserer Staaten vor sich schreitet, je vollständiger und je energischer die Quellen unseres Reichthums ausgebeutet werden, desto greller treten die fundamentalen Mißstände unserer sozialen Einrichtungen in die Augen. Muß es nicht das Gefühl jedes denkenden Menschen verletzen, wenn er die kollossalen Reichthümer betrachtet, die unser industrielles Zeitalter zu schaffen imstande war, und zugleich sieht, daß gerade diejenigen, durch deren angestrengte Arbeit alle diese Schätze hervorgezaubert werden, den allergeringsten Genuß davon haben ?" (Pfeiffer, E., 1863, in: Hasselmann, E., 1964, S.17).

Die Wirtschafts- und Gesellschaftsordnung, in der sich solche Zustände entwickeln können, ist nicht nur ungerecht und unmenschlich, sie ist auch brüchig und gefährdet. Sie steuert dem Chaos zu, wenn sie nicht von Grund auf reformiert wird.

Aber die Reform kommt nicht von selbst. Die Frage nach dem "Wie?" der Reform führt Eduard Pfeiffer zu der Untersuchung der "Mittel, welche zur Verbesserung unserer sozialen Zustände vorgeschlagen werden." Es gibt nur eine einzige Weise, wie die Mißstände, an denen unsere Zeit krankt, geheilt werden können, schreibt er. "Diejenigen, welche am härtesten betroffen sind, müssen sich selbst helfen. Von oben herab läßt sich hier nichts curieren. Wer bauen will, muß von unten anfangen. Die Intelligenz kann hierbei nur den Weg ebnen und auf die richtige Bahn lenken, weiter aber nichts ... Die Aufgabe der Arbeiter ist eine schwierige, aber sie ist keine unmögliche. Sie haben gegen sich die Übermacht des Capitals und oft die beeinflußten Vorschriften der Gesetzgebung, sie haben aber für sich ihre Zahl. Um diese zur Geltung zu bringen, gibt es nur ein Mittel, 'Cooperation', gemeinschaftliches Zusammenwirken. Während der Einzelne nichts vermag, nicht einmal Widerstand zu leisten fähig ist, sind sie vereinigt die größte Macht, unwiderstehlich " (Pfeiffer, E., 1863, in: Hasselmann, E., 1964, S.13 und 1971, S.130/131).

"In einer social tranformierten und reformierten Gesellschaft aber, wie sie die Genossenschaftsbewegung schaffen wird (...), ist das Verhältniß der Menschen zueinander ein ganz anderes geworden. Man weiß nichts mehr von einer Bevölkerung, die in zwei sich feindlich gegenüberstehende Classen getheilt ist" (Pfeiffer, E., 1863, in: Hasselmann, E., 1964, S.19).

4.4.3. Bedingungen der Übernahme konsumgenossenschaftsgeeigneter Zielvorstellungen

Unter welchen Voraussetzungen übernehmen nun Individuen Vorstellungen, wie die von Pfeiffer entwickelte ?
Damit wandlungsorientierte Zielvorstellungen von Individuen übernommen werden, ist es erforderlich, daß

1. diese physisch präsent sind,
2. von den Individuen zur Kenntnis genommen werden,
3. von ihnen verstanden werden.

Die wichtigste Voraussetzung für die physische Präsenz der Vorstellungen ist deren Übermittlung durch einen Informationskanal. Je größer die Anzahl der Kommunikationskanäle ist und je genauer Informationen über sie vermittelt werden können, desto größer ist die Chance, daß sie Verbreitung finden. Presse- und Versammlungsfreiheit, sowie das Recht auf freie Meinungsäußerung wirkt sich auf diesen Prozeß besonders positiv aus. Daß die konsumgenossenschaftsgeeigneten Zielvorstellungen physisch präsent waren, braucht nicht besonders betont zu werden. Schon allein der kleine Ausschnitt aus den vielfältigen Beziehungen des Stuttgarter Konsumvereins in Schaubild 3 macht dies deutlich. Zwar gab es in jener Zeit noch nicht die modernen Kommunikationsmittel wie Radio oder Fernsehen, doch erfüllten Flugblätter, Zeitschriftenartikel, Bücher über das Genossenschaftswesen oder die Reisen von Initiatoren die Funktion der Informationsübermittlung genauso gut.

Aber auch wenn die Vorstellungen physisch präsent sind, bedeutet das noch nicht, daß sie von Individuen zur Kenntnis genommen werden. Dazu ist es erforderlich, daß die Individuen über ein gewisses Maß an freier Zeit verfügen, um sich mit ihnen auseinandersetzen zu können. Weiter müssen die Vorstellungen wenigstens teilweise mit den Ansichten von Individuen übereinstimmen, da abweichende Informationen einen hohen Schwellenwert besitzen. Dies ist am ehesten dann gegeben, wenn die Angesprochenen die Anschauungen der Informationsübermittler als ihren eigenen nahestehend empfinden beziehungsweise wenn diese ähnliche Hintergrundmerkmale wie die Angesprochenen und eine hohe Kompetenz aufweisen.

Damit Individuen schließlich über die Zielvorstellungen verfügen können, müssen sie von ihnen verstanden worden sein. "Dies setzt eine Form der Darbietung voraus, die der Intelligenz, Bildung und kulturellen Herkunft der Individuen angemessen ist" (Lindner, G., 1972, S.95). Insbesondere in den Fällen, in denen die Gründung von Konsumgenossenschaften auf die Initiative von Vereinen und hier vor allem auf die von Arbeiterbildungsvereinen zurückzuführen sind, kann davon ausgegangen werden, daß die oben genannten Bedingungen erfüllt waren, da anzunehmen ist, daß Personen, die an Veranstaltungen teilnahmen, auf denen über die konsumgenossenschaftlichen Pläne gesprochen wurde, auch genügend Zeit hatten, um sich mit diesen auseinanderzusetzen. Die Homogenität der Mitgliederstruktur dieser Vereine legt es weiter nahe anzunehmen, daß auch die Hintergrundmerkmale der die Idee präsentierenden Personen mit denen der Zuhörerschaft ähnlich waren, und daß in einem solchen Kreis die Gedanken in einer angemessenen Form dargeboten wurden.

5. VERGLEICH KONSUMGENOSSENSCHAFTLICHER ENTSTEHUNGSBEDINGUNGEN MIT DEN ENTSTEHUNGSBEDINGUNGEN VON FOOD-COOPS

Im folgenden Teil der Arbeit wird nun verglichen, inwieweit die für die Entstehung von Konsumgenossenschaften ermittelten Bedingungen auch bei der Entstehung von food-coops eine Rolle spielten.

Objektive Voraussetzungen wurden, wie oben im Zusammenhang mit der Entstehung von Konsumgenossenschaften gezeigt, erst dann relevant, wenn sie subjektive Bedeutung erlangten. Da diese subjektive Bedeutung bei den Mitgliedern von food-coops durch Befragung direkt ermittelt werden konnte und als solche in die Darstellung der Entstehungsbedingungen von food-coops eingeht, kann meines Erachtens auf die gesonderte Darstellung der objektiven Voraussetzungen verzichtet werden.

5.1. Zur Definition food-coop-geeigneter Bedürfnisse

Als erste Voraussetzung für die Entstehung von Konsumgenossenschaften wurde in Abschnitt 4.2.2. die Sensibilisierung einer abgrenzbaren Bevölkerungsgruppe in ihrer Rolle als Verbraucher genannt.
Versteht man mit Scherhorn unter der Verbraucherrolle "Erwartungen, die sich auf Entscheidungen und Verhaltensweisen (von Mitgliedern eines Privathaushalts) im Zusammenhang mit dem Beschaffen, Produzieren und Konsumieren von Gütern, sowie dem Verwalten von Gütern und Geldmitteln einschließlich der Geldanlage richten" (Scherhorn, G., 1977, S.196), dann kann eine solche Sensibilisierung auch für die Mitglieder von food-coops festgestellt werden, was aus Tabelle 7 ersichtlich wird.

Tabelle 7: Sensibilisierung von Individuen in ihrer Rolle als Verbraucher

	35 BEFRAGTE ABSOLUT	DAVON ÄUSSERTEN IN %
KRITIK AN DER QUALITÄT VON LEBENSMITTELN		
- gesundheitsschädliche Inhaltsstoffe	35	100
- schlechter Geschmack	27	77
- zerstörte oder fehlende Inhaltsstoffe	25	71
- schlechte Haltbarkeit	23	66

Fortsetzung Tabelle 7:   35 BEFRAGTE ABSOLUT | DAVON ÄUSSERTEN IN %

	35 BEFRAGTE ABSOLUT	DAVON ÄUSSERTEN IN %
KRITIK AM PREIS		
- zu hohe Preise, vor allem für biologisch erzeugte Produkte, sowie unterschiedliche Preise für identische Waren	34	97
KRITIK AM SORTIMENT		
- Überangebot	22	63
- trotz Überangebot fehlen bestimmte Produkte	16	46
KRITIK AN DER ART DES VERKAUFS		
- Verpackungsaufwand	32	91
- Absatzfördernde Maßnahmen wie Werbung, Produktgestaltung, Warenanordnung u.a.	28	80
- Information über Produkte	22	63
- Atmosphäre im Laden	18	51
MISSTRAUEN GEGENÜBER PRODUZENTEN/HÄNDLERN	31	89
KRITIK AN DER WARENPRODUKTION		
- Energie- und Rohstoffverschwendung	34	97
- Umweltbelastung	32	91
- fehlende Mitbestimmungsmöglichkeiten bei der Entscheidung über Art und Qualität angebotener beziehungsweise zu produzierender Güter	16	46
BEWUSSTSEIN DER EINFLUSSMÖGLICHKEITEN ALS VERBRAUCHER		
- Kaufverhalten als Möglichkeit der Unterstützung des alternativen Landbaus	25	71
- Möglichkeit des Gegengewichts zu Produzenten durch den Zusammenschluß von Verbrauchern	20	57
- Kaufverhalten als Möglichkeit der Unterstützung/ des Boykotts (z.B. Nikaragua, Südafrika)	19	12
- Zusammenhang zwischen eigenem Ernährungsverhalten und Welthungerproblem	12	34

Bei der Gründung von Konsumgenossenschaften wurde weiter ausgeführt, daß, neben der bevorzugten Orientierung am Bedarf, Individuen in ihrem Bedürfnis nach Gemeinschaft sensibilisiert waren.

Bei der Befragung der Mitglieder von food-coops gaben fast alle Interviewpartner (32 von 35) an, daß ein wesentlicher Grund für ihre Mitgliedschaft darin besteht, daß sie hofften, dort persönliche Beziehungen zu anderen Menschen zu finden. Für über die Hälfte der Antwortenden (60%) hatte dies sogar den gleichen Stellenwert, wie die oben genannten Punkte. Wie wichtig dies den Befragten ist, zeigt sich weiter daran, daß sie die Mitgliederzahlen einzelner coops begrenzen möchten, um somit auch durch die äußeren Bedingungen persönliche Kontakte zu begünstigen.

Bei der Betrachtung der Zusammensetzung der Mitglieder (genaue Angaben siehe Anhang) der beiden untersuchten food-coops fällt auf, daß in beiden 20- bis 30-jährige Personen, die Abitur und Hochschulabschluß haben beziehungsweise noch studieren, eindeutig die Mehrzahl der Mitglieder stellen, was meines Erachtens ein Hinweis darauf ist, daß auch die Bedingung, wonach eine abgrenzbare Bevölkerungsgruppe vorhanden sein muß, wenn es zur Selbstorganisation von Verbrauchern in Form von Konsumgenossenschaften kommen soll, bei der Entstehung von food-coops erfüllt ist.

Der Vergleich dieser Bedingungen ergab somit eine erste Übereinstimmung zwischen den Gründungsvoraussetzungen für Konsumgenossenschaften und food-coops.

5.2. Die Entwicklung einer kollektiven Handlungsbereitschaft

5.2.1. Die Entstehung einer generellen Handlungsbereitschaft

Mit Hilfe der Theorie der relativen Deprivation wurde versucht aufzuzeigen, warum konsumgenossenschaftliche Gründungsmitglieder mit ihrer Situation unzufrieden waren, wobei davon ausgegangen wurde, daß eine perzipierte/antizipierte Diskrepanz zwischen legitimen Ansprüchen und vorhandenen Realisierungsmöglichkeiten bei Individuen zu der Motivation führt, die aufgetretene Diskrepanz reduzieren zu wollen.

Bei der Darstellung der Sensibilisierung der befragten coop-Mitglieder in ihrer Rolle als Verbraucher hatte sich schon ein erster Hinweis darauf gezeigt, daß auch bei ihnen eine Unzufriedenheit festzustellen ist. Dieser These soll nun anhand von Zitaten und einer tabellarischen Darstellung der Befragungsergebnisse genauer nachgegangen werden, bevor der Versuch unternommen wird, diese Unzufriedenheit im Sinne der relativen Deprivation zu erklären.

Die Unzufriedenheit, die in den Gesprächen von allen Befragten zum Ausdruck gebracht wurde, läßt sich verschiedenen Bereichen zuordnen:

1. Unzufriedenheit mit der Situation als Verbaucher
2. Unzufriedenheit mit der sozialen Situation
3. Unzufriedenheit mit der gesamtgesellschaftlichen Situation
4. Unzufriedenheit über den zu geringen eigenen Handlungsspielraum

5.2.1.1. Die Unzufriedenheit mit der Situation als Verbraucher

In Tabelle 7 wurde bereits deutlich, daß alle Befragten mit ihrer Situation als Verbraucher unzufrieden sind.
Im Vordergrund standen dabei die Unzufriedenheit mit der Qualität von Nahrungsmitteln, über deren gesundheitsschädliche Rückstände sich alle Befragten beklagten.
"Das ist zum Teil auch Gefühlssache, weil man nicht genau nachprüfen kann, wie lange es dauert, bis man Krebs bekommt, wenn ich jetzt gespritztes Obst oder Gemüse esse, aber ich habe halt Schiß davor" (Studentin, 23 J.). "Was alles gespritzt und in die Erde eingearbeitet wird, um noch größere Erträge zu erzielen, das ist wahnsinnig. Obwohl man meistens keine Rückstände in Nahrungsmitteln nachweisen kann, glaube ich doch, daß noch Spuren drin sind. Ich habe das zum Beispiel daran gemwerkt, als ich von gekauften Erdbeeren eine Allergie bekommen habe" (Hausfrau, 42 J.). "Meine Tochter und mein Mann haben beide einen Ausschlag von gekauften Tomaten bekommen, nicht jedoch von selbst angebauten, da müssen doch irgendwelche Gifte drin gewesen sein" (Rentnerin, 64 J.).
Rund Dreiviertel der Gesprächspartner bemängelten darüberhinaus, daß Inhaltsstoffe von Nahrungsmitteln durch zu starke industrielle Verarbeitung verringert oder sogar ganz zestört/beseitigt werden, was sich nach Ansicht der Befragten ebenso wie die oben angesprochenen Rückstände auf die Gesundheit schädlich auswirkt.
Ebenfalls Dreiviertel der Gesprächspartner gaben als weiteren Grund für ihre Unzufriedenheit mit der Warenqualität den schlechten Geschmack von Lebensmitteln an, während sich 66% außerdem über die schlechte Haltbarkeit von Produkten ärgerten.
Mitglieder von food-coops, die daraus die Konsequenz gezogen haben, ihre Ernährung auf Vollwertkost umzustellen (z.B. Vollkorngetreide, Grünkern, Dinkel), beklagten sich darüber, daß solche Produkte kaum auf dem Markt er-

hältlich sind, beziehungsweise wenn dies doch der Fall ist, dann nur sehr teuer, "obwohl man eigentlich nicht einsieht, warum. Es sind doch naturbelassenere Waren, die weniger Arbeitsgänge erfordern, und trotzdem werden sie zum doppelten Preis verkauft" (Angestellte, 24 J.). 97% kritisierten sogar, daß rückstandsfreiere Produkte, die angeboten werden, nicht nur zu unterschiedlichen Preisen - "wer hat schon Zeit und Lust immer Preise zu vergleichen?" (Sozialarbeiterin, 29 J.) - sondern vor allem zu teuer verkauft werden. "Mir paßt es nicht, wie man das Zeug so kriegt. Meist nur im Reformhaus, viel zu teuer und außerdem unterscheidet sich das im übrigen gar nicht von den anderen Lebensmittelläden, außer daß es halt ein anderer Marktbereich ist " (Verwaltungsangestellter, 28 J.).
In diesem Zitat wird auf einen weiteren Kritikpunkt hingewiesen: die Atmosphäre in Geschäften, in der sich rund die Hälfte der befragten coop-Mitglieder nicht wohl fühlt. "Die Supermärkte, diese Symbole der Industriegesellschaft, in denen es kein Tageslicht gibt, alles neonbeleuchtet ist, in denen Tiefkühltruhen da sind, alles ordentlich geordnet und mit Schildern versehen, 'optimal' ist, dieses Technisch-Perfektionistische vermittelt mir das Gefühl von Ausgeliefertsein" (Student/Agrarbiologie, 25 J.). Auf das Gefühl von Anonymität, das von Befragten in Geschäften empfunden wird, sei hier nur hingewiesen, da darauf im Zusammenhang mit der Unzufriedenheit über die soziale Situation noch eingegangen wird. "Die anonyme Haltung, daß im Laden jemand steht, der einem etwas verkaufen will, sich aber damit nicht identifizieren kann, der keine Ahnung hat und kein Interesse daran hat, wo was wie angebaut wurde, welche Stoffe da noch zusätzlich drin sind (...), das stört mich sehr" (KfZ-Mechaniker, 26 J.).
Bei 63% der Befragten war diese Unzufriedenheit verbunden mit einer Kritik am vorhandenen Überangebot - "Warenvielfalt ist ja zunächst etwas Positives, weil man aussuchen kann. Aber wenn es mal soweit ist, daß man 'Entscheidungsverstopfung' bekommt !" (Student/Medizin, 35 J.). "Ich finde es unnötig, daß bei uns soviel produziert wird. Das, was die Leute eigentlich benötigen, gibt es doch längst. Diese ganzen künstlich geschaffenen Bedürfnisse sind überflüssig - wenn man zum Beispiel nur an Süßigkeiten denkt: jeder Zweite hat hier Schwierigkeiten mit den Zähnen oder ist zu dick!" (Krankenpfleger, 23 J.).
Von absatzfördernden Maßnahmen nicht nur innerhalb der Geschäfte fühlen sich 80% der Antwortenden belästigt, da "damit Sachen verkauft werden sollen, die man eigentlich gar nicht will - und Informationen sind in der Werbung doch keine enthalten" (Studentin/Landwirtschaft, 24 J.). "In der coop kann ich meine Bedürfnisse artikulieren , hier kann ich kaufen was ich brauche und nicht wie in normalen Läden, wo Produkte da sind, die ich dann kaufen soll, egal ob ich sie brauche oder nicht" (Krankenpfleger, 23 J.). "Ich komme mir richtig für blöd verkauft vor, wenn ich im Laden zum Beispiel Eier suche und auf Plakate sehe, auf denen ein vor Gesundheit strot-

zendes glückliches Huhn abgebildet ist, das auf einem Nest auf Stroh seine Eier ausbrütet, und darunter Eier verkauft werden, die aus Legebatterien kommen" (Töpferin, 28 J.). "In normalen Läden wollen sie dir halt mehr verkaufen, als du eigentlich brauchst. Gerade wenn man mit einem Kind einkaufen geht, merkt man genau, wo welche Produkte angebracht werden, damit das Kind darauf aufmerksam wird - und ich habe dann das Theater" (Studentin/PH, 28 J.).

Überwiegend in diesem Zusammenhang wurde von knapp 90% der Befragten auch Mißtrauen gegenüber Händlern und Produzenten geäußert. "Ich kenne eben Demeterbetriebe, die an der Autobahn sind und kenne ebenso andere Betriebe, die versuchen, in weniger belasteten Gegenden mit möglichst wenig Chemie anzubauen - wobei mir die letzteren natürlich lieber sind - und trotzdem versucht man, mir die Produkte des einen als gesünder zu verkaufen" (Verwaltungsangestellter, 28 J.). "Wenn ich am Demeterstand oder im Naturkostladen etwas kaufe, dann bin ich eigentlich mißtrauisch, denn ich habe schon gehört und auch bestätigt bekommen, daß in die Demeterholzkisten ganz andere Sachen hineingelegt werden. Aber das kann ich ja vor dem Kauf nicht kontrollieren" (Lehrerin, 27 J.). Es sei darauf hingewiesen, daß sich das geäußerte Mißtrauen keineswegs allein auf Erzeuger oder Händler von biologischen Produkten bezieht, sondern auf die aller Produktsparten.

An diesem Mißtrauen kann auch die angebotene Produktinformation kaum etwas ändern, da mit ihr ebenfalls zwei Drittel der Befragten nicht einverstanden waren, wobei sich dies vor allem auf die Aspekte der Qualität, der Herkunft, des Preises und der Verwendungsmöglichkeiten von Waren bezog. "Ich möchte wissen, welche 'Lebensinhaltsstoffe' mir ein Produkt bietet" (Verwaltungsangestellter, 28 J.). "Was man von den Läden an Verbraucherinformation geboten bekommt, ist eigentlich bloß Werbung" (Töpferin, 28 J.). Zu diesem Punkt noch ein weiteres Zitat, das allerdings nur auf die Hälfte der hierzu antwortenden Gesprächspartner zutrifft. "Ich hätte beispielsweise gerne auch politische Informationen zum Produkt: wo es herkommt, wie es produziert wurde, so daß ich das Bewußtsein habe, das Korn, das ich gerade im Mund habe und zerbeiße, ist ein besonderes Korn - damit Essen nicht nur Fressen ist, nach dem Fressen die Moral, sondern mit dem Essen oder noch besser vor dem Essen die Moral" (Sozialarbeiterin, 29 J.).

Dem Problem der Belastung der natürlichen Umwelt, sowie der Verschwendung von Energie und Rohstoffen wird von fast allen Befragten ebenfalls eine große Bedeutung zugemessen. Die Unzufriedenheit darüber beschränkt sich dabei nicht nur auf die Herstellung von Konsumgütern - wozu auch die Distribution von Waren gezählt wird -, sondern bezieht sich ebenso auf den Verkauf und den Konsum von Waren.

"Mit der derzeitigen Art der Lebensmittelerzeugung wird unser Planet ausgeplündert; sei es nun via Kunstdünger oder mit den großen starken Maschinen, Monokulturen und ungeheuren Mengen an Gift, wobei sehr viel Energie verschwendet wird" (Student/Medizin, 35 J.). "Ich brauche kein Gemüse, das schon im Frühjahr angeboten werden kann, nur weil es mit viel Energie in Treibhäusern hochgezogen wurde" (Studentin/Religionspädagogik, 22 J.). "Wenn ich in ein Geschäft gehe und schon sehe, wie im Obst- und Gemüseregal vier Äpfel verpackt in Plastik und Pappkarton oder, was völlig sinnlos ist, in Plastik eingewickelte Weißkrautköpfe liegen ..." (Student/Architektur, 25 J.). "Mich stört die Bereitwilligkeit, mit der in Geschäften alles in Plastiktüten eingepackt wird, ohne daß ich gefragt werde, ob ich nicht selbst eine Tasche dabei habe - und dann die sinnlose Energieverschwendung, die tagtäglich notwendig ist, um zum Beispiel Kekse von Hannover nach Stuttgart zu karren" (Wirtschaftshistorikerin, 34 J.). "Es ist so ein Unsinn, daß Tankwagen Milch aus großer Entfernung hertransportieren, diese dann abgekühlt, pasteurisiert, homogenisiert und verpackt wird, um schließlich wieder auf die Verbraucher zurückverteilt zu werden" (Studentin/Landwirtschaft, 24 J.). "Mir liegt was daran, daß Seifenflocken zum Waschen verwendet werden, statt Waschpulver, weil das ein guter Ersatz für Waschmittel ist, aber fast keine schädlichen Wirkungen auf die Umwelt hat. Seife ist abbaubar, außerdem enthält sie weder Phosphate noch Tenside" (Angestellte, 24 J.).

An der Produktionsweise von Waren wurde von einem Drittel der Interviewten weiter kritisiert, daß keine Rücksicht auf die Bevölkerung von Entwicklungsländern genommen wird. "Seit mir klar wurde, daß bei uns verkauftes Fleisch zum Teil so produziert wird, daß dadurch Menschen in Ländern der Dritten Welt mehr hungern müssen, ist mein Fleischverbrauch sehr stark zurückgegangen" (Student/Ernährungswissenschaft, 26 J.).

54% der Befragten fanden es nicht richtig, daß in den Läden Produkte angeboten werden, die aus totalitär regierten Staaten importiert werden. "Ich habe keine Lust, mit meinem Kauf politische Verhältnisse zu untersützen, die ich nicht richtig finde" (Krankenpfleger, 27 J.).

In diesem Zusammenhang ist schließlich die Unzufriedenheit von 46% der Interviewpartner darüber zu sehen, daß sie keinerlei Mitbestimmungsmöglichkeiten haben, wenn entschieden wird, welche Güter welcher Qualität produziert beziehungsweise angeboten werden.

5.2.1.2. Die Unzufriedenheit mit der sozialen Situation

Wie bereits in Abschnitt 5.1. angedeutet, hat die soziale Situation, das heißt die Art der Beziehungen zu anderen Menschen, für den überwiegenden Teil der befragten coop-Mitglieder große Bedeutung. Im Vergleich zu den anderen genannten Bereichen, an denen von den Befragten Kritik geübt wurde, äußerte hier jedoch nur ein Teil der Interviewpartner ihre Unzufriedenheit

direkt, andere formulierten sie indirekt als an die coop gerichtete Erwartungen, wodurch sich Überschneidungen mit den in Abschnitt 3.2.3. beschriebenen Zielvorstellungen nicht ganz vermeiden ließen. Folgende Zitate sollen erläutern, worin diese Unzufriedenheit im einzelnen besteht.
"In unserer Gesellschaft entwickelt sich jeder zum Einzelkämpfer, was sich auf die Beziehungen der Menschen untereinander negativ auswirkt" (Studentin, 26 J.). "Wenn du dir die Beziehungen anguckst, die viele Leute leben, da ist nichts mehr da, die sind alle krank oder kaputt. Wahrscheinlich hätten sich die Leute längst getrennt, wenn nicht der gesellschaftliche Druck da wäre" (Studentin/PH, 28 J.). "Ich möchte vom Konsumverhalten wegkommen. Konsumverhalten ist für mich, daß menschliche Beziehungen auf den Austausch von Geld und Waren reduziert sind. Ich gehe irgendwo hin, bekomme alles fix und fertig verpackt, lege meinen Geldschein hin, es sind kalte Beziehungen - man kann eigentlich gar keine Beziehungen aufbauen" (Student/Ernährungswissenschaft, 26 J.). "Im Supermarkt merkt man so richtig, daß man einfach ganz alleine ist. Da stehst du in der Schlange, gehst wieder raus, aber du bist ein Einzelgänger, genau wie alle anderen" (Student/Architektur, 25 J.). "Ich erwarte von der coop, daß sich Gespräche entwickeln, daß ich jemandem erzählen kann, wenn es mir gerade nicht so gut geht und ich sonst niemanden habe; daß ich Leute finde, zu denen ich Vertrauen haben kann" (Studentin/Medizin, 24 J.). "In der coop sollen auch persönliche Beziehungen entstehen, Menschen sollen sich füreinander interessieren, was sich auch darin zeigt, wie man miteinander umgeht" (Krankenpfleger, 23 J.). "Die coop ist für mich ein Schritt zur Vermenschlichung, zur Gemeinschaft mit anderen Menschen, das ist für mich ganz wichtig" (Angestellte, Ende 30). "Ich erwarte von der coop eine Verbesserung der Beziehungen zwischen jungen und älteren Menschen" (Rentnerin, 63 J.). "In der coop habe ich endlich Leute gefunden, zu denen ich wirkliche Beziehungen haben kann, die mich verstehen, mit denen ich gemeinsam arbeiten und auch Feste feiern kann" (chemisch-technischer Assistent, 23 J.). "Ich finde es gut, daß die coop auf vollkommen freiwilliger Basis und auf einem gegenseitigen Vertrauensverhältnis beruht, was sich zum Beispiel darin zeigt, daß jeder selbst abwiegt und angibt, was er mitnimmt, und daß das funktioniert" (Student/Maschinenbau, 26 J.).

5.2.1.3. Die Unzufriedenheit mit der gesamtgesellschaftlichen Situation

Die Unzufriedenheit der Befragten beschränkt sich, wie aus den Zielvorstellungen schon zu vermuten war, nicht auf ihre Unzufriedenheit als Verbraucher beziehungsweise mit ihrer sozialen Situation. Bei einem Großteil der interviewten coop-Mitglieder konnte eine Unzufriedenheit festgestellt werden, die den gesamten gesellschaftlichen Bereich betrifft. Am deutlichsten ausgeprägt war die Unzufriedenheit mit der Politik der etablierten

Parteien, wobei insbesondere die Themen Rüstung, Kernenergie, Ausbau von Infrastruktureinrichtungen und Umweltpolitik genannt wurden (74%). "Die jetzige Politik der Bundesregierung kann ich nicht vertreten, weder die Rüstungspolitik, noch die Industriepolitik mit der Förderung des Atomstroms" (Sozialarbeiterin, 29 J.). "Die Entstehung von coops darf ja nicht isoliert gesehen werden, sondern gehört in den Zusammenhang mit der Anti-Atomkraft-Bewegung, Initiativen gegen Nachrüstung und atomare Aufrüstung oder auch gegen den übermäßigen Ausbau von Straßen, Flughäfen etc." (Student/Architektur, 25 J.), "Alles was mir hier entgegenschlägt, gehorcht einer gewissen Rationalität. Einer Rationalität, die natürlich auch Atombomben, Kriege, Verschwendung hervorbringt. Die Inhalte in ihrer ganzen Perversität, daß irgendwo anders Menschen hungern und so und soviel Milliarden für Rüstung ausgegeben werden, das ist schon irrational" (Student/Agrarbiologie, 25 J.).

Dieses Zitat weist auf einen weiteren Kritikpunkt hin, der von 71% der Befragten genannt wurde, nämlich die Unzufriedenheit mit der weit verbreiteten Wertvorstellung, das Streben nach materiellem Erfolg und ökonomische Kalküle über den Menschen zu stellen. Wie wichtig dieser Punkt den Mitgliedern der coops ist, zeigt sich daran, daß die Arbeit für die coop nicht bezahlt wird und auch kein Mitglied an der coop verdienen soll. "Wir leben in einer Gesellschaft, die bestimmte Normen des Lebens als besonders gut herausstellt, zum Beispiel das Streben nach Erfolg in meßbaren, materiellen Grössen. Das Streben nach emotionalem Erfolg ist nicht gefragt, das ist etwas, was es nicht gibt oder was in Geld ausgedrückt wird" (Student/Medizin, 35 J.). "Wir können uns alles leisten, Auto, Eigenheim, gutes Essen, aber irgendetwas fehlt, das Leben fehlt" (Krankenpfleger, 27 J.). "Wir müssen von dieser Leistungsgesellschaft wegkommen, ideelle Sachen kann man nicht kaufen" (Studentin/PH, 28 J.). "Hier in Deutschland wird doch alles nur wegen Geld gemacht. Man studiert nicht, weil es Spaß macht oder weil man Interessse am Fach hat, sondern weil man nach dem Studium viel Geld verdienen möchte" (Landwirtschaftsgehilfe, 29 J.). "Es muß verdient werden, noch und nöcher, damit mehr gekauft werden kann. Dem Menschen bleibt dabei keine Zeit zum Denken, sein Innenleben wird total vernachlässigt" (Hausfrau, 38 J.).

Unzufriedenheit mit der Situation am Arbeitsplatz wurde von 37% der befragten coop'ler zum Ausdruck gebracht, wobei sich dies nicht nur auf den eigenen Arbeitsplatz bezog. "Ich bin nach vier Jahren jetzt soweit, daß ich sage, ich habe keine Lust mehr, jemals wieder unter diesen Umständen zu arbeiten. Für mich ist das keine Perspektive, für mich liegt sie außerhalb der derzeit üblichen Arbeitsbedingungen" (chemisch-technischer Assistent, 23 J.). "Bei meiner Arbeit als Krankenpfleger habe ich gemerkt, daß die Bereitschaft, anderen Menschen helfen zu wollen, nach Strich und Faden ausgenutzt wird, und das unter dem Deckmäntelchen der Humanität" (Krankenpfleger, 27 J.). "Dein ganzes Bewußtsein über gesunde Ernährung nützt dir nicht viel, wenn du acht Stunden am Tag im Betrieb stehst und vorher oder nachher beim Bäcker vorbeigehst, dann läuft der Käsekuchen halt doch mit" (Verwaltungsangestellter, 28 J.). "Die Arbeitsplätze müssen menschlicher werden. Ich stell mir vor, daß sich die Arbeitsbedingungen ändern müssen, die Arbeit in einem Laden zum Beispiel muß doch ein Streßjob sein" (Wirtschaftshistorikerin, 34 J.). "Für mich ist es wichtig, daß jemand, der den ganzen Tag eine stupide Arbeit macht, wenigstens abends in der coop die Gelegenheit hat, vollverantwortlich zum Beispiel die Kasse zu führen, daß er selbständig etwas machen kann und nicht wie sonst üblich gesagt wird, du mußt jetzt dies machen und dann jenes" (Betriebswirt, 33 J.).

Gut die Hälfte der Gesprächspartner (54%) sind unzufrieden damit, daß Konzentrationsprozesse sowohl auf wirtschaftlichem Gebiet wie in anderen Bereichen dazu führen, daß die Welt, die sie erleben, immer unübersichtlicher und undurchschaubarer wird. Diese Unzufriedenheit zeigt sich zum einen in der Forderug der befragten coopler nach kleineren, überschaubareren Einheiten, nicht nur für den privaten Bereich. Zum anderen verdeutlichen dieses Unbehagen folgende Zitate: "Manchmal kaufe ich auch in einem Tante-Emma-Laden ein, weil ich einfach nicht will, daß alles so monopolisiert wird" (Rentnerin, 63 J.). "Die Supermärkte, das sind ja meist Ladenketten, die sich ihr riesiges Imperium aufgebaut haben und was weiß ich an allem mitschuldig sind, die ihre Finger mit im Spiel haben, wenn kleine Läden kaputt gemacht werden" (Töpferin, 28 J.). "Man muß darauf hinwirken, daß die Tendenz zum Beispiel in der Landwirtschaft, daß sich alles konzentriert und daß die kleinen Betriebe aus dem Markt gedrängt werden, aufgehalten wird" (Studentin/Landwirtschaft, 24 J.). "Die ganze Entwicklung heute führt zu einem riesigen Gigantomanismus. Wir müssen wieder zurückkehren zu kleineren Einheiten, weil die ganzen Probleme in kleineren Einheiten besser zu bewältigen wären" (Student/Maschinenbau, 26 J.). "Es ist mir wichtig, daß der Bürokratismus seine Hand bei der coop nicht im Spiel hat" (chemisch-technischer Angestellter, 23 J.). "Sobald es in der coop einen Geschäftsführer gäbe, den ganzen Apparat, die großen Zentralen für Einkauf, Lohnbuchhaltung etc., dann hätten wir wieder was Zentrales, was Abgelöstes und wieder nichts von der Basis Getragenes; genau das wollen wir aber nicht" (Ingenieur, 29 J.).

Tabelle 8: Unzufriedenheit mit der gesamtgesellschaftlichen Situation

	35 BEFRAGTE ABSOLUT	DAVON ÄUSSERTEN IN %
Unzufriedenheit mit der gesellschaftlichen Wertvorstellung, die ökonomische Erfordernisse über die Bedürfnisse des Menschen und das Streben nach Materiellem in den Vordergrund stellt.	25	71
Unzufriedenheit mit den Arbeitsbedingungen in unserer Gesellschaft	13	37
Unzufriedenheit mit der Politik der etablierten Parteien (insbesondere Rüstung, Kernkraft, Ausbau von Infrastruktur und Umweltpolitik)	20	57
Unzufriedenheit über den mangelnden eigenen Handlungsspielraum und Gefühl von "Ausgeliefertsein"	24	69

5.2.1.4. Die Unzufriedenheit mit dem mangelnden eigenen Handlungsspielraum

Die Unzufriedenheit in den genannten Bereichen wird bei vielen Interviewpartnern (69%) dadurch intensiviert, daß sie das Gefühl eines zu geringen eigenen Handlungsspielraums beziehungsweise das Gefühl von Ausgeliefertsein haben.
"Die Demokratie, die wir haben, ist nicht etwas, wo wir sagen, daß Volksnähe da ist; die Demokratie ist vielleicht ein bißchen breiter gestreut seit dem Zweiten Weltkrieg, aber die Grundstruktur, daß Macht von wenigen ausgeübt wird, die ist immer noch da. Der Frust ist nur größer geworden, weil du glaubst, du könntest etwas machen; aber in Wirklichkeit ist alles perfekt" (Krankenpfleger, 27 J.). "Die ganzen technischen Errungenschaften halte ich zunächst für positiv. Die Rechnung, die mit ihnen einhergeht und die wir bezahlen müssen, ist das Empfinden von Ausgeliefertsein. Um mich herum sind Sachen, die ich nicht erfunden und nicht eingerichtet habe und über die ich nicht entscheiden kann. Ich finde eine fertige Welt vor, in der ich höchstens mitmachen kann" (Student/Agrarbiologie, 25 J.). "Ich füh-

le großes Unbehagen, weil ich mich mit vorgegebenen Sachen abgeben muß. Ich kann nur wählen, aber nichts Neues machen. Ich kann mich nicht nach meinen eigenen Vorstellungen einrichten, nach meinen Vorstellungen leben" (Student/ Architektur, 25 J.). "Ich war neun Jahre in einer Partei. Ich merkte, daß man in einer Partei eigentlich nichts tun kann" (Sozialarbeiterin, 29 J.). "Die Spielregeln, die bei uns gelten, sie lassen dir keinen Handlungsspielraum" (Ingenieur, 29 J.). "Ich möchte selber etwas machen, nicht länger diese Abhängigkeit gegenüber jemandem haben, der irgendetwas für einen macht, ohne daß man selber darauf Einfluß hat. Man ist ausgeliefert" (Studentin/Eurhythmie, 22 J.). "Ich will endlich aus der Bevormundung rauskommen, die überall da ist" (KfZ-Mechaniker, 26 J.).
Daß Unzufriedenheit auch bei den befragten coop-Mitgliedern zu Handlungsbereitschaft führt, läßt sich anhand eines weiteren Zitats sehr gut zeigen: "Es ist eine Zeit gekommen, wo einfach etwas passieren muß, wo man nicht mehr länger seine Klappe halten kann, wo man wirklich anfangen muß, etwas zu machen" (Krankenpfleger, 27 J.).

In Abschnitt 4.3.2 war das Entstehen einer generellen Handlungsbereitschaft bei potentiell konsumgenossenschaftsgeeigneten Personen zurückgeführt worden auf deren Unzufriedenheit über die Diskrepanz zwischen gestiegenen Erwartungen an die Lebenshaltung und der tatsächlichen Situation, die zum Teil sogar durch Verschlechterung gekennzeichnet war. Wie läßt sich nun die Unzufriedenheit der befragten coop-Mitglieder erklären ?
Mit folgenden Überlegungen soll versucht werden, eine Antwort auf diese Frage zu finden, indem die Unzufriedenheit im Sinne der Theorie der relativen Deprivation interpretiert wird. Nach der Theorie der relativen Deprivation steigen die legitimen Erwartungen von Individuen unter anderem dadurch, daß sich deren Wertposition verbessert, da dies dazu führt, daß sich die Merkmale der aufsteigenden Gruppen verändern und so neue Vergleichsbezüge bedingt werden. Ein Beispiel dafür ist, daß Individuen, deren wirtschaftliche Lage sich verbessert, gewöhnlich eine stärkere politische Beteiligung anstreben, falls eine solche Beteiligung ihnen gerechtfertigt erscheint (Beckmann, M, 1979, S.141). Die Unzufriedenheit über den Mangel an eigenem Handlungsspielraum, über den sich 69% der Befragten beschweren, kann demnach damit erklärt werden, daß die meisten Mitglieder der beiden untersuchten food-coops in einer Zeit aufwuchsen, die durch eine relativ problemlose und langanhaltende Wohlstandssteigerung gekennzeichnet war. Hinzu kommt jedoch, daß sich seit den siebziger Jahren diese Situation verschlechtert hat und sich die Anzeichen dafür mehren, daß ein Ende dieser Entwicklung absehbar ist; es wird sogar von einer grundsätzlichen Wende gesprochen, davon, daß sich ein "historischer Umbruch" (Bossel, H., 1978, S.7) ankündigt. Die Befragten sind also zusätzlich von einer Verschlechterung ihrer Wertposition betroffen, was sich bei ihnen darin äußert, daß sie

die abnehmende Qualität von Lebensmitteln, gestiegene Preise, zunehmende Umweltbelastung etc. kritisieren und darüberhinaus eine Verschärfung dieser Situation für die Zukunft erwarten.

Sind Menschen bereits unzufrieden, dann kann die Konfrontation mit einer neuen Lebensweise, die Bedürfnisbefriedigung auf einem höheren Niveau verspricht, dazu führen, daß sich ihre legitimen Erwartungen ändern. Voraussetzung dafür ist jedoch, daß die Betroffenen Mittel und Wege sehen, die eine Realisierung dieser neuen Lebensweise ermöglichen, was meist dann der Fall ist, wenn einigen der Unzufriedenen eine Verwirklichung bereits gelungen ist (Beckmann, M., 1979, S.146). Bei der Beschreibung des Zielsystems zeigte sich, daß die Gesprächspartner nicht nur mit ihrer gegenwärtigen Situation unzufrieden sind, sondern daß sie außerdem Vorstellungen besitzen, die von ihrer bisherigen Lebensweise abweichen. Die Anregungen hierzu stammen, wie bei der Befragung festgestellt werden konnte, aus der "alternativen Bewegung", in der vielfältige Ansätze für eine neue Lebensweise zu finden sind (Nelles, W. & Beywl, W., 1980, S.62-69).

Es kann somit festgehalten werden, daß sowohl bei der Gründung von Konsumgenossenschaften als auch bei der Gründung von food-coops die Unzufriedenheit potentiell geeigneter Personen darauf zurückzuführen ist, daß diese von einer Verschlechterung ihrer Wertposition betroffen waren, zusätzlich jedoch gestiegene Erwartungen an ihre Lebenshaltung entwickelt hatten, wodurch die Intensität der Unzufriedenheit verstärkt wurde.

5.2.2. Die Entstehung kollektiver Handlungsbereitschaft

In Abschnitt 4.3.3. wurde dargelegt, welche Bedingungen erfüllt sein müssen, damit die aus Unzufriedenheit resultierende generelle Handlungsbereitschaft einzelner Individuen in die Bereitschaft einmündet, die Unzufriedenheit beseitigen zu wollen. Es handelte sich dabei um die Faktoren der "räumlichen und sozialen Nähe", durch die die Ausbildung stabiler wechselseitiger Interaktionsbeziehungen zwischen Individuen begünstigt wird. Für die Entstehung externer Attribution ist darüberhinaus von Bedeutung, daß Inidividuen aufgrund der Kenntnis von Abhängigkeitsbeziehungen und Verantwortlichkeiten innerhalb einer Gesellschaft die Ursache der Deprivation nicht sich selbst zuschreiben, sondern anderen Personen/Strukturen und die Schuld für die Deprivation eben diesen Verantwortlichen geben, also über Erklärungsmuster für die Gründe ihrer Unzufriedenheit verfügen.
Im folgenden soll gezeigt werden, daß diese Bedingungen auch auf einen Großteil der befragten coop-Mitglieder zutreffen.

5.2.2.1. Die Bedingung der räumlichen Nähe

Wie schon bei der Entstehung der Konsumgenossenschaften spielte auch bei der Gründung einer der beiden coops ein Verein eine Rolle.
Ziel dieses Vereins, der sich selbst als "human-kreative Gemeinschaft" bezeichnet, ist es, einen Rahmen zu schaffen, in dem "anders leben" verwirklicht werden kann. Zu diesem Zweck wurde ein Haus angemietet, das Raum für eine Wohngemeinschaft und zur Entfaltung vielfältiger Ideen bietet. Mit Arbeitskreisen, die von Tätigkeiten wie Töpfern oder Malen bis zu Selbsterfahrungsgruppen oder Meditation reichen, einer Kindergruppe und regelmäßig stattfindenden Vorträgen zu verschiedensten Themen, entwickelte sich daraus ein Treffpunkt für "Alternative". Es ist offensichtlich, daß damit nicht nur das Kriterium räumlicher Nähe erfüllt ist, sondern daß in diesem Rahmen ausgeprägte Interaktionsbeziehungen entstehen.
Im Gegensatz zu der erstgenannen coop rekrutieren sich die Initiatoren und Mitglieder der zweiten untersuchten coop nicht aus einer einzigen, sondern aus mehreren verschiednen Gruppen, wie Bürgerinitiativen, Arbeitskreisen, einem selbstverwalteten Kommunikationszentrum, einem vegetarischen Mittagstisch etc. Daß zwischen diesen Gruppen Kontakte bestehen, zeigt sich daran, daß Personen an mehreren dieser Gruppen gleichzeitig beteiligt sind und daß sich bei Veranstaltungen und Aktionen viele dieser Personen trafen und immer wieder treffen. Es konnte weiter festgestellt werden, daß 63% der Befragten in einer Wohngemeinschaft leben, was nicht nur ein Hinweis auf räumliche Nähe ist, sondern auch auf enge soziale Nähe schließen läßt.

5.2.2.2. Die Bedingung der sozialen Nähe

Wie bereits beschrieben, ist soziale Nähe unter Menschen umso eher gegeben, je ählicher deren Hintergrundmerkmale sind.
Bei der Darstellung der Bedingungen für räumlichen Nähe deutete sich schon an, daß der untersuchte Personenkreis ziemlich homogen ist. Diese Vermutung konnte bestätigt werden, wozu im folgenden die Mitgliederstruktur der beiden untersuchten food-coops dargestellt wird.

Schaubild 4: Zur Mitgliederstruktur von food-coop a und b

Alle Angaben in %

ALTERSSTRUKTUR

unter 20 Jahre 4,2 / 0

20 bis 30 Jahre 87,3 / 82,7

über 30 Jahre 8,5 / 17,3

SCHULBILDUNG

Hauptschulabschluß 2,1 / 0

Realschulabschluß 8,5 / 16,1

Abitur 89,4 / 78,2

kein Abschluß 0 / 5,7

BERUFSAUSBILDUNG

abgeschlossene Lehre
bzw. noch Lehrling 23,3 / 27,6

Hochschulabschluß
bzw. noch Student 70,2 / 66,6

kein Abschluß 12,8 / 9,2

Fortsetzung Schaubild 4:

EINKOMMEN

unter 1000 DM/Monat

1000 bis 2000 DM/Monat

über 2000 DM/Monat

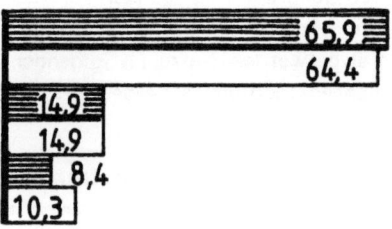

Diese Darstellung zeigt deutlich, daß die überwiegende Mehrheit der coop-Mitglieder zwischen 20 und 30 Jahren alt ist, Abitur gemacht hat und einen Hochschulabschluß besitzt beziehungsweise noch studiert. Berücksichtigt man, daß in coop a 6,3% der Mitglieder und in coop b 3,4% der Mitglieder sowohl über Lehre als auch über einen Hochschulabschluß verfügen, und daß sich außerdem fast alle befragten Mitglieder zu den "Alternativen" zählen, dann kann daraus offensichtlich auf eine Homogenität der Mitglieder geschlossen werden, womit auch die Bedingungen der sozialen Nähe als erfüllt angesehen werden kann.

Nach Beckmann entwickeln bevorzugt Ober- und Mittelschichtangehörige relativ stabile Interaktionsbeziehungen und Erklärungsmuster. Betrachtet man Schulbildung und Berufsausbildung als Merkmale für Schichtzugehörigkeit, dann zeigt ein Blick auf die Migliederstruktur, daß dieser Sachverhalt ebenfalls auf die untersuchten coops zutrifft.

5.2.2.3. Kenntnis von Abhängigkeitsbeziehungen und Verantwortlichkeiten

Nachdem gezeigt werden konnte, daß bei der Entstehung der beiden food-coops sowohl die Voraussetzungen für räumliche Nähe als auch die für soziale Nähe erfüllt waren, ist es die Aufgabe dieses Abschnittes zu erläutern, inwieweit die Befragten über Erklärungsmuster verfügen, die geeignet sind, die Ursachen ihrer Unzufriedenheit zu erklären.

An dieser Stelle läßt es sich nicht vermeiden, daß einige Ergebnisse wiederholt werden, die bereits bei der Beschreibung der Unzufriedenheit genannt wurden. Dies liegt daran, daß Interviewpartner, die Abhängigkeitsbeziehungen erkannt haben, gleichzeitig auch ihre Unzufriedenheit mit deren Ursachen zum Ausdruck brachten. Dies trifft vor allem auf die Art der Warenproduktion zu, die von

- allen Befragten für die schlechte Qualität von Nahrungsmitteln,
- 97% für Energie- und Rohstoffverschwendung,
- 91% für Belastungen der Umwelt,
- 31% für die Ausbeutung von Ländern der Dritten Welt verantwortlich gemacht werden.

Die Schuld für die zu hohen Preise von Produkten geben alle Interviewpartner dem Zwischenhandel mit seinen zu großen Handelsspannen - "der ganze Handel ist ja im Grunde ein Parasit, ein Apparat, der ständig Geld verdient für nichts und wieder nichts" (Student/Agrarbiologie, 23 J.) -, was auch daran ersichtlich wird, daß die Mitglieder der coops versuchen wollen, "den normalen Weg, so wie die ganzen Handelsketten funktionieren, zu unterlaufen" (Angestellte, 24 J.).
Es war festzustellen, daß auch für die anderen in Tabelle 7 genannten Punkte hinsichtlich der Situation als Verbraucher die Befragten in Händlern und Produzenten eine Ursache für ihre Unzufriedenheit sahen. 57% differenzierten diese Aussage dahingehend, daß sie nicht pauschal Handel oder Produzenten als Verursacher sehen, sondern Konzentrationsprozesse in der Wirtschaft: "Wenn die Erzeuger direkt an die coop gekoppelt wären, dann wäre nicht nur vieles überschaubarer, sondern ich könnte auch kontrollieren, was ich bekomme. Das kann ich jetzt deshalb nicht, weil die Großhändler von biologischen Produkten ein Monopol haben und eigentlich alles machen können, was sie wollen" (Student/Architektur, 25 J.).
71% der Interviewten bringen ihre Unzufriedenheit, vor allem ihre unbefriedigende soziale Situation in Zusammenhang mit der in unserer Gesellschaft herrschenden Wertvorstellung, die ökonomische Erfordernisse höher einschätzt als die Bedürfnisse des Menschen und das Streben nach Materiellem in den Vordergrund rückt.

Nach ihrer Ansicht trägt dazu auch die Konsumhaltung vieler Menschen bei, deren Ursache jedoch, wie im folgenden Zitat zum Ausdruck kommt, nicht im Menschen selbst gesucht wird: "Ich mache in der coop unter anderem deshalb mit, weil ich Konsumieren als Sucht ansehe. Ich glaube, daß ich in der coop davon loskommen kann, weil ich da aus den üblichen gesellschaftlichen Strukturen, die das verursachen, raus gehe" (Student/Architektur, 26 J.). Zwar betrachten nicht alle coop'ler Konsumieren als Sucht, doch sind sie alle der Meinung, daß der hohe Stellenwert, den "Konsumieren" in unserer Gesellschaft einnimmt, zu passivem Verhalten, Abwälzen von Verantwortung auf andere Menschen, Zwang zum Unterhaltenwerden und damit zu Schwierigkeiten im Umgang mit anderen Menschen führt.

Diese 71% bringen die oben genannten Wertvorstellungen ebenso wie die Konsumhaltung in Zusammenhang mit weiteren gesellschaftlichen Problemen. "Ich sehe das so, daß eine veränderte Konsumhaltung auch ein verändertes Bewußtsein bei verschiedenen Problemen innerhalb unserer Gesellschaft mit sich bringt, ob es nun Atomkraftwerke, Umweltverschmutzung oder wiederauflebender Faschismus ist. Für mich ist das miteinander verknüpft" (Verwaltungsangestellter, 28 J.). Bereits an den genannten Erklärungsmustern zeigt sich, daß viele der Befragten nicht eindimensionale Erklärungen für ihre Unzufriedenheit heranziehen, sondern daß sie diese auf einen Komplex zusammenhängender Beziehungen zurückführen, der über ihre Situation als Verbraucher hinausreicht. Die isolierte Darstellung einzelner Beziehungen würde der Komplexität der gegebenen Antworten keinesfalls gerecht werden, weshalb im folgenden auf eine weitere Aufgliederung der Antworten verzichtet wird und stattdessen einige Zitate von Befragten verwendet werden, um aufzuzeigen, daß Kenntnisse darüber, wer nach Ansicht der Befragten die Schuld an den Ursachen ihrer Unzufriedenheit trägt, bei den interviewten coop'lern vorhanden sind.

"Herrschaft spielt sich im materiellen Bereich ab, ganz massiv; das merkt man daran, wie sich das Genossenschaftsrecht entwickelt hat. Genossenschaften waren von der Idee her wirklich etwas sehr Gutes. Daraus haben sich Lebensmittelketten entwickelt, das waren einmal Genossenschaften, heute aber sind sie Ausgeburten des Kapitalismus, überhaupt von dieser irrsinnigen Form andere Leute auszunehmen. Inzwischen sind deren Normen falsch, da sie nicht mehr im Interesse des Verbrauchers stehen" (Krankenpfleger, 27 J.). "Für den Produzenten wäre es gut, wenn er seine Produkte nicht an den Händler abgeben müßte, weil er dadurch von Abhängigkeiten loskommt. Man sieht es am Beispiel der Molkereien, die die Grenzen für Keimzahlen beliebig hoch- und runtersetzen, um damit die Preise zu bilden, die sie den Bauern für ihre Produkte bezahlen. Manche Milchkonzerne haben sich in den letzten Jahren mit Hilfe staatlicher Subventionen sogar gesund gestoßen" (Studentin/ Landwirtschaft, 24 J.). "Kaufen ist für mich ein politischer Akt, schon allein, wenn ich es mir von der Ökonomie her überlege. Je mehr Zwischenhändler zwischen Erzeuger und Endverbraucher sind, desto mehr Mehrwertsteuer kassiert der Staat, desto mehr unterstütze ich mit meinem Kauf die Regierungspolitik, mit der ich nicht einverstanden bin, und desto mehr muß ich als Verbraucher bezahlen, da die Handelsspannen entsprechend höher werden" (Sozialarbeiterin, 29 J.). "Ich habe mir auch überlegt, was es bedeutet, wenn ich Waren aus Ländern der Dritten Welt kaufe. Devisen bekommen die, die sie am nötigsten hätten, sowieso nicht. Erstens bleibt das meiste Geld bei uns bei der Verarbeitung hängen, zweitens kasssieren Konzerne und Großgrundbesitzer so viel, daß für die Landarbeiter so gut wie nichts mehr übrig bleibt; dann kommt die ungerechte Handelsordnung dazu, daß die Bevölkerung für ihre einheimischen Produkte sehr wenig bekommt, aber für Fertigprodukte, auf die sie angewiesen sind, sehr viel bezahlen muß. Wenn jeder einzelne Verbraucher bei uns bewußt einkaufen würde, könnte man sehr viel erreichen. Die Abhängigkeit und Ausnutzung der armen Bevölkerung kann nur passieren, weil die Leute bei uns Kaffee, Bananen, Ananas kaufen" (Student/ Maschinenbau, 26 J.). "An der Uni wird total totgeschwiegen, was vom 'Schulwissen' abweicht. Was das bedeuten kann, ist mir am Beispiel Vollwertkost aufgefallen. Würden sich mehr Leute mit Vollwertkost ernähren, könnte man damit auch politischen Druck ausüben. Wir haben nämlich festgestellt, daß wir auf unsere einheimischen Produkte zurückgehen müssen, eine natürliche Lebensweise von jedem verlangen müssen, um an den Problemen der Dritten Welt etwas ändern zu können. Man kann nicht vertreten, Produkte von dortigen Monokulturen zu verkaufen, denn es ist erwiesen, daß in Krisenzeiten, in denen bei uns weniger Produkte aus der Dritten Welt abgesetzt werden konnten, dies dazu geführt hat, daß die Plantagenbesitzer und die Konzerne, für die sich der Anbau dadurch nicht mehr gelohnt hat, das Land an Landarbeiter verpachtet haben. Und diese bauten dann Nahrungsmittel für ihren eigenen Bedarf an" (Student/Ernährungswissenschaft, 26 J.). "Wenn man sich als Verbraucher zusammentut, hat man eine sehr große Macht, man kann die Produktionsbedingungen bestimmen, aber das ist nicht realisierbar, weil Leute dazwischen sind, die darauf achten, daß die Produktionsbedingungen in ihrem Sinn sind" (Studentin/PH, 28 J.). Zum Abschluß sei das Zitat eines Gesprächspartners genannt, der seine Antwort auf die Frage nach Abhängigkeitsbeziehungen zusammenfaßte: "Das ist doch ganz klar: allein machen sie dich ein" (Landwirtschaftsgehilfe, 29 J.).

Die angeführten Befragungsergebnisse und die Zitate von Interviewten geben klar zu erkennen, daß die Gesprächspartner die Ursachen für ihre Unzufriedenheit nicht in sich selbst suchen, sondern dafür gesellschaftliche Institutionen und Strukturen verantwortlich machen. Hinsichtlich der Erklärung der Unzufriedenheit mit der Situation als Verbraucher verfügten alle Befragten über sehr ähnliche Erklärungsansätze, während diese in anderen Bereichen leicht voneinander abwichen und verschieden weit entwickelt waren, wobei festzustellen war, daß Initiatoren die umfangreichsten Erklärungsansätze entwickelt hatten.

Insgesamt kann somit festgehalten werden, daß die Bedingungen, die zu einer kollektiven Handlungsbereitschaft führen, bei den befragten Mitgliedern der food-coops als erfüllt betrachtet werden können.

5.3. Die Entwicklung food-coop-geeigneter Zielvorstellungen

5.3.1. Die Entstehung der Idee zur Selbstorganisation in Form von food-coops

Wie auch bei den Konsumgenossenschaften wurde die Idee der Selbstorganisation in Form von food-coops von den Initiatoren nicht selbst "erfunden", sondern "aufgefunden". Unter den Initiatoren beider untersuchter coops waren jeweils Personen, die sowohl von anderen coops und sogar von Konsumgenossenschaften wußten, als auch schon - entweder durch eigene Mitgliedschaft oder durch Kontakte zu einer anderen food-coop - Erfahrungen mit food-coops gesammelt hatten.

5.3.2. Die Rolle von "Intellektuellen" bei der Entwicklung food-coop-geeigneter Zielvorstellungen

Die Vorstellungen mit dem Ziel, eine Konsumgenossenschaft zu gründen, waren Mitte des 19. Jahrhunderts von Gebildeteren entwickelt worden, nachdem die erfahrene Deprivation innerhalb der gegebenen gesellschaftlichen Strukturen nicht mehr adäquat gedeutet werden konnte und dadurch eine Legitimationskrise der Verantwortlichen ausgelöst worden war.
Da der überwiegende Teil der Mitglieder beider untersuchter food-coops als Akademiker zu den Gebildeteren einer Gesellschaft gezählt werden können, ist es naheliegend, daß auch bei den coops geeignete Zielvorstellungen von Intellektuellen gebildet wurden, was bestätigt werden kann. In beiden Fällen entwickelten Einzelpersonen Zielvorstellungen, die sie mit befreundeten Personen diskutierten. Interessanterweise kamen diese Anstöße jedoch nicht von "Nur-Intellektuellen", sondern von Personen, die bereits längere Zeit im Arbeitsprozeß gestanden und sich erst nachträglich zum Studium entschlossen hatten. In Abschnitt 4.2.2. war festgestellt worden, daß bevorzugt jene Intellektuellen wandlungsorientierte Ideen entwickeln, die selbst von Deprivation betroffen sind. Es kann vermutet werden, daß Individuen,

die bereits in das Arbeitsleben integriert waren, stärker von Deprivation betroffen sind als Personen, die sich bisher hauptsächlich an der Universität aufhielten. Diese Vermutung wird verstärkt durch die Befragungsergebnisse, nach denen unter den Interviewten Deprivation in dem Sinn am ausgeprägtesten war, daß sie nicht nur mit ihrer Situation als Verbraucher unzufrieden waren, sondern auch mit allen anderen Bereichen, die in Abschnitt 5.2.1. genannt wurden.

Im folgenden werden Auszüge eines Gesprächs mit dem Initiator einer der food-coops wiedergegeben, um aufzuzeigen, daß auch vor der Gründung von food-coops wandlungsorientierte Ideen entwickelt worden waren. Das hier ausgewählte Gespräch stellt keine Ausnahme dar, sondern steht vielmehr beispielhaft für Ideen verschiedener Initiatoren, die mehr oder weniger stark entwickelt und in einzelnen Punkten inhaltlich verschieden waren, jedoch alle die weiter oben beschriebenen Elemente einer wandlungsorientierten Idee enthielten.

"Ich studiere Architektur, aber ich habe keine Lust, später irgendeinen Bürojob zu machen und für irgendjemanden zu planen. Ich stelle mir meinen Beruf vielmehr so vor, daß ich als Teil einer Gruppe für das Wohnen zuständig bin, wobei ich mir genausogut vorstellen kann, daß ein Handwerker dabei ist, mit dem ich zusammenarbeite ... . Ich sehe in dieser Gesellschaft keine Entscheidungsmöglichkeiten, auch nicht als Architekt, auch wenn ich noch so gut bin und mich noch so sehr einsetze, entweder du schwimmst mit oder du kommst unter die Räder. Da sind höchstens ein paar Kunstnischen, aber in ihnen kannst du nicht wirklich was machen. Um leben zu können, muß ich aber Geld verdienen. Dazu muß ich nicht nur arbeiten, sondern muß eine bestimmte Menge produzieren; dabei möchte ich lieber weniger produzieren, aber in einer besseren Qualität, was ich in einem geregelten Architekturbüro aber nicht kann. Ich muß mich dort so verhalten, wie ich es eigentlich gar nicht will. Ich bin zum Beispiel gezwungen, den Chef zu spielen, darf mir keine Blöße geben. Doch ich möchte viel lieber mit jemandem zusammenarbeiten, möchte niemandem zumuten, nur etwas auszuführen, weil ich mich selber dagegen sträuben würde ... . Als einzelner habe ich keine Möglichkeit mich zu wehren, mit einer Gruppe kann ich politisch viel mehr durchsetzen. Die coop ist ein Teil, in der man über einen wichtigen Bereich unserer Existenz - die Nahrungsmittelversorgung - selber bestimmt, mitentscheidet, selbst in die Hand nimmt. So sehe ich das ganze Prinzip: selber etwas in die Hand nehmen. Ich suche nach Wegen, wie ich mein Leben anders organisieren kann, wobei ich das als Gesamtes sehe, zu dem nicht nur die coop gehört, sondern mehrere Bereiche. Ich habe im Kopf eine Lösung, die nur funktioniert, wenn man es gemeinsam mit anderen Leuten macht. Das System, das mir vorschwebt, sieht so aus: eine in kleinen Gruppen organisierte Gesellschaft, da sie schwerer beherrschbar ist. In diesen autonomen Gruppen gibt es dann möglichst viel Freiheit und Entscheidungsmöglichkeiten. Eine solche Gesellschaft ist pluralistisch, da kann alles vorkommen, nicht wie es im Moment bei uns ist.

Mir stinkt es, daß ich nichts machen kann. In eine Partei kann ich nicht eintreten, da ist kein Spielraum vorhanden, außerdem wüßte ich nicht, in welche ... . Die Landwirtschaft ist einer der größten Umweltverschmutzer: Überdüngung, Pestizide ... . Global sehe ich ein Problem in unserem hohen Fleischkonsum, das können wir uns auf die Dauer nicht leisten, weil dafür woanders Leute verhungern. Ich habe deshalb meine Ernährungsgewohnheiten umgestellt und mache unter anderem deshalb in der coop mit, um solche Zusammenhänge bewußt zu machen ... . Überfluß sehe ich zum Beispiel darin, daß man zu jeder Jahreszeit sämtliche Produkte kaufen kann. Ich bin nicht dafür, daß man alle möglichen exotischen Waren hier anbietet, weil ich diesen riesen Warenaustausch für Quatsch halte, vor allem den ganzen Transport, Frachtschiffe, Lastwagen, Kühlung und was alles damit zusammenhängt, eine Verschwendung von Energie ... . Ich fühle mich manipuliert von den ganzen Bedürfnissen, die in mir geweckt werden, und sehe, daß man sich alleine nicht dagegen wehren kann. Ich brauche Leute, die mich immer wieder daran erinnern. Ich mache auch deshalb in der coop mit, weil ich den Konsum als eine Sucht ansehe, von der ich gerne loskommen möchte. Ich glaube, daß ich durch meine Mitarbeit in der coop davon loskommen kann, weil ich in ihr aus den üblichen gesellschaftlichen Strukturen, die das verursachen, herausgehe ... .

Ich sehe vor allem auch, daß viele Leute durch das dauernde Geldausgeben in Druck und Ängste vor Veränderungen und Unsicherheiten kommen, daß sie sich absichern, damit das alles so weiterläuft, weil sie Angst haben, eines Tages nicht mehr mithalten zu können und daß zum Teil deswegen viele Leute politisch reaktionär sind. Auch ich habe eine Phase hinter mir, in der ich 70 Stunden und mehr gearbeitet habe, um Geld zu verdienen, ich wollte raus aus dem Ganzen, weil ich mich unglücklich fühlte. Ich hab mir gedacht, das Mittel um rauszukommen, ist Geld, ... nur deshalb habe ich mich so verhalten. Gleichzeitig habe ich Alkohol in mich hineingeschüttet, um das irgendwie auszuhalten. Bis mir klar wurde, daß ich mit dem, was ich mache, eine politische Funktion erfülle. Ich war genau so, wie mich die Industrie und die ganze Konsumrichtung ausgerichtet haben wollte, und ich habe festgestellt, daß ich war wie alle um mich herum ... . Gründe für die coop ist für mich erstmal der Preis, aber dann auch das Interesse, etwas selber zu organisieren. Ich bin interessiert an den Leuten, die mitmachen und sehe das auch politisch: weil viele kleine Bewegungen eine große Bewegung bilden, die sich dann zum Beispiel bei einer Fahrraddemo treffen, weil man eben Essen, Autofahren und das alles nicht trennen kann. Für mich müßte die coop auf Dauer über die reine Lebensmittelbeschaffung hinausgehen. Zum Beispiel zusammen wohnen: gewisse Grundbedürfnisse kann man sich zusammen besser erfüllen, auch wenn sich das vielleicht in ganz anderen Formen abspielt - wie etwa in einer Gruppe leben. In der müßte es aber um mehr gehen, als nur zusammen wohnen; zum Beispiel, daß man dann seine Arbeit anders organisiert und auch über seine Zeit selber bestimmen kann. Denn wenn man in einem Job voll drinhängt, ist es schwierig, selbstbestimmt zu leben, dazu braucht man eben Zeit. Ich erwarte von der coop, daß auch über solche Probleme geredet wird, und man gemeinsam nach Lösungen sucht ... .

Für mich ist es noch keine Demokratie, wenn einzelne Entscheidungen per Handzeichen getroffen werden. Grundsätzliche Diskussionen über die Richtung der coop müssen von allen geführt und getragen werden. Es ist wichtig, daß alle etwas machen und nicht bloß ein paar Macher, weshalb die coop auch nicht zu groß werden darf. Dabei sehe ich das Problem der Kompetenz. Ich bin nicht gegen eine gewisse Arbeitsteilung, aber es ist ein Unterschied, ob jemand einen Laden hat und da voll auf Gewinn macht, oder ob man einen coop hat, in der einer für gewisse Funktionen bezahlt wird, aber außerdem jedes Mitglied etwas mitmacht. Wenn es Leute gibt, die zwischen uns und dem Hersteller vermitteln, muß es klar sein, daß er unsere Interessen vertritt, also nicht am Gewinn orientiert ist" (Student/Architektur, 26 J.).

5.3.3. Bedingungen der Übernahme food-coop-geeigneter Zielvorstellungen

Als notwendige Voraussetzung für die Übernahme konsumgenossenschaftsgeeigneter Zielvorstellungen waren oben genannt worden:

- die physische Präsenz der Zielvorstellungen, sowie
- deren Kenntnisnahme und
- Verstehen durch potentiell konsumgenossenschaftsgeeignete Personen.

Das bei uns existierende umfangreiche Kommunikationsnetz, in dem auch Veröffentlichungen der Alternativszene keine Seltenheit mehr sind, dürfte der Bedingung nach physischer Präsenz der Zielvorstellungen sehr entgegenkommen; im Fall der coop a konnte festgestellt werden, daß von Initiatoren in einer Zeitschrift über die Idee der Gründung einer food-coop berichtet wurde. Dies war bei food-coop b deshalb nicht notwendig, weil im beschriebenen Treffpunkt genügend Informationsmöglichkeiten vorhanden waren.

Obwohl hier nicht ein gängiges Vorurteil bestätigt werden soll, nach dem Studenten über relativ viel freie Zeit verfügen, kann doch nicht bezweifelt werden, daß sie ihre Zeit besser einteilen können als Menschen, die in den normalen Arbeitsprozeß integriert sind. Der hohe Prozentsatz von Studenten in den beiden coops deutet deshalb darauf hin, daß von vielen Mitgliedern die Bedingung erfüllt wurde, genügend Zeit zu haben, um sich mit den food-coop geeigneten Zielvorstellungen auseinandersetzen zu können.

Weiter wurde bereits festgestellt, daß die Mitgliederstruktur der beiden coops sehr homogen war, insbesondere, daß sich fast alle Befragten inclusive der Initiatoren zu den "Alternativen" zählen, woraus geschlossen werden kann, daß Initiatoren und Mitglieder über ähnliche Hintergrundmerkmale verfügten, was dazu beigetragen hat, daß von den Mitgliedern die Idee zur Gründung einer food-coop übernommen werden konnte.

6. ZUSAMMENFASSENDE DARSTELLUNG DER ERMITTELTEN ENTSTEHUNGSBEDINGUNGEN UND DEREN BEDEUTUNG FÜR DIE "UNORGANISIERBARKEITSTHESE"

Aus der Analyse der Voraussetzungen, die zur Entstehung von Konsumgenossenschaften führten und aus deren Überprüfung an der aktuellen Verbraucherselbstorganisationsform der food-coops lassen sich einige Bedingungen ableiten, unter denen solche Verbraucherselbstorganisationen entstanden.

Entgegen der in der Literatur oft vertretenen Ansicht, daß Konsumgenossenschaftsgründungen hauptsächlich eine Sache des Mittelstandes waren, wird hier aufgrund von Literaturstudien die Ansicht vertreten, daß unter den Gründungsmitgliedern sowohl Angehörige des Mittelstandes, also Handwerker, Beamte, Angehörige freier Berufe, als auch handwerklich gebildete Arbeiter vertreten waren.

Diese Menschen waren in ihrer Rolle als Verbraucher besonders sensibilisiert, was sich unschwer an dem besonders anfangs dominierenden Bestreben der Konsumgenossenschaften nach einer Sicherung und Verbesserung der Einkommensverwendungssituation erkennen läßt. Im Gegensatz zur Orientierung an der Gewinnmaximierung ist darunter die Orientierung an der Befriedigung der Nachfrage der Bedarfsträger zu verstehen, und nicht etwa die an einer Verbesserung der Lohnsituation. Im 17., 18. und bis ins späte 19. Jahrhundert hinein spielte die Statusdimension Konsum, die angemessene Bedarfsdeckung, zur Festlegung der Schichtzugehörigkeit eine große Rolle (v.Brentano, D., 1980, S.192). Diese Bedarfsorientierung sowohl der Mittel- als auch der Unterschicht wurde im 19. Jahrhundert durch die Erfahrung der Menschen verstärkt, daß eine Gefährdung der Lebenshaltung, bei jahrzehntelang konstanten Nominallöhnen überwiegend durch Preissteigerungen und durch Verknappung der Nahrungsmittel verursacht wurden (Abel, W., 1974, S.320-322).

Die mit der Industrialisierung auf Konsumgütermärkten für Verbraucher entstandene Situation mit ihren Abhängigkeiten führte daher dazu, daß Verbraucher befürchteten "wiederum den normierten oder notwendigen Bedarf nicht decken zu können und von daher sogar von Statusverlusten bedroht zu sein" (v. Brentano, D., 1980, S.194).

Mit der Veränderung der wirtschaftlichen Bedingungen war für den einzelnen weiter eine veränderte soziale Situation verbunden. Die erfahrene Vereinzelung und Individualisierung durch Auflösen der Großfamilie stand in starkem Gegensatz zu der bis dahin gewohnten Lebensgemeinschaft, woraus verständlich wird, daß diese Erfahrung bei vielen Menschen das traditionell vorhandene Bedürfnis nach Gemeinschaft intensivierte.

Eine Sensibilisierung in der Rolle als Verbraucher ließ sich auch bei den Mitgliedern der food-coops feststellen, die Kritik an der Qualität von Lebensmitteln, an deren Preis, am Sortiment, an der Art des Verkaufs, der Waren-

produktion sowie an den mangelnden Einflußmöglichkeiten als Verbraucher äußerten.
Weiter gaben fast alle Interviewpartner an, daß ein wesentlicher Grund für ihre Mitgliedschaft in einer coop darin besteht, daß sie hofften, dort persönliche Beziehungen zu anderen Menschen aufbauen zu können. Für 60 % der Befragten hatte dies sogar den gleichen Stellenwert, wie die oben genannten Punkte.
Allerdings stellt die Sensibilisierung der Menschen in ihrer Rolle als Verbraucher allein noch keinen ausreichenden Grund für einen Zusammenschluß von Verbrauchern dar.

Dazu ist es weiter notwendig, daß Verbraucher eine Handlungsbereitschaft entwickeln, die bei potentiell konsumgenossenschafts-/food-coop-geeigneten Personen dadurch entstand, daß diese eine Diskrepanz zwischen Erwartungen an ihre Situation und der tatsächlich erlebten Umstände perzipierten bzw. antizipierten, was nach der Theorie der relativen Deprivation zu Unzufriedenheit und damit zu einem allgemeinen Verhaltensanreiz führt, die aufgetretene Diskrepanz zu reduzieren (Beckmann, M., 1979, S.109).
Im Zuge weitreichender gesellschaftlicher Veränderungen des 19. Jahrhunderts stiegen nicht nur die Erwartungen von Angehörigen der Mittelschicht und der Arbeiterelite an ihren Lebensstandard, sondern verschlechterte sich zusätzlich deren aktuelle Situation.
Eine solche Diskrepanz zwischen gestiegenen Erwartungen und einer Verschlechterung der tatsächlichen Situation konnte trotz der grundsätzlich besseren materiellen Situation auch für die Mitglieder der food-coops festgestellt werden. Sie waren mit ihrer sozialen Situation ebenso unzufrieden wie mit der gesamtgesellschaftlichen Situation und ihrem mangelnden eigenen Handlungsspielraum.

Die aus der Unzufriedenheit resultierende generelle Handlungsbereitschaft wird jedoch nur unter bestimmten Voraussetzungen zu einer kollektiven Handlungsbereitschaft, nämlich dann, wenn unter Individuen intensive wechselseitige Interaktionsbeziehungen bestehen und diese die Ursache ihrer Unzufriedenheit nicht sich selbst zuschreiben, sondern in den Systemstrukturen suchen.
Dies wird dadurch begünstigt, daß unter den von Deprivation betroffenen Individuen soziale und räumliche Nähe existiert, und sie über Kenntnisse verfügen, wie Verantwortlichkeiten und Abhängigkeitsbeziehungen in einer Gesellschaft geregelt sind.

Abgesehen von wenigen Ausnahmen entstanden die meisten Konsumgenossenschaften in industrialisierten Klein- und Mittelstädten, womit angenommen werden kann, daß schon aufgrund der geringen Einwohnerzahlen dieser Städte die Bedingungen für räumliche Nähe günstig waren. Darüberhinaus entstanden zehn von 17 betrachteten Konsumgenossenschaften direkt oder unter Beteiligung von Vereinen, in der Mehrzahl der Fälle unter Beteiligung von Arbeiterbildungsvereinen. Diese Vereine setzten sich überwiegend aus Arbeitern zusammen und hatten somit eine relativ homogene Mitgliederstruktur, was auf die Erfüllung des Kriteriums der sozialen Nähe hinweist. Zum anderen gibt die Zielsetzung der Vereine "Bildung sollte dem Arbeiter nicht nur eine größere geistige Unabhängigkeit geben, sie sollte ihn auch auf den Weg zu einem höheren Lebensniveau weisen" (Hasselmann, E., 1965 b, S.9), Anlaß zu der Vermutung, daß deren Mitglieder über Kenntnisse verfügten, wie Zuständigkeiten innerhalb der Gesellschaft verteilt waren.

Für alle betrachteten Konsumgenossenschaften konnte eine homogene Mitgliederzusammensetzung nachgewiesen werden, sowie Personen, die höhere Bildung hatten, von denen also angenommen werden kann, daß sie über entsprechende Kenntnisse gesellschaftlicher Zusammenhänge verfügten.

Wie auch bei den Konsumgenossenschaften spielten bei der Gründung der beiden coops Vereine eine Rolle. In diesen Vereinen, die Treffpunkte der "Alternativen" darstellen, werden die vielfältigsten Aktivitäten unternommen, wodurch nicht nur räumliche Nähe gewährleistet ist, sondern auch die Voraussetzungen zu ausgeprägten Interaktionsbeziehungen geschaffen sind. Hinzu kommt, daß die Mitgliederstruktur in den beiden untersuchten food-coops sehr homogen ist; 87,3%/82,7% der Mitglieder waren zwischen 20 und 30 Jahren alt, 89.4/78.2% hatten Abitur, 70,2/66,6 einen Hochschulabschluß oder waren noch Studenten und schließlich hatten 65,9/65,4% der Befragten - sie repräsentieren 67 bzw. 100% der coop-Mitglieder - ein Einkommen, das unter 1000 DM pro Monat lag. Berücksichtigt man weiter, daß sich fast alle Interviewpartner zu den "Alternativen" zählen, dann kann daraus auf die Existenz sozialer Nähe geschlossen werden.

Über Erklärungsmuster, die die Ursachen ihrer Unzufriedenheit in den gesellschaftlichen Institutionen und Strukturen suchen, verfügten die coop-Mitglieder ebenfalls: Die Art der Warenproduktion, der ihrer Ansicht nach zu ausgeprägte Zwischenhandel, Konzentrationsprozesse in der Wirtschaft, in unserer Gesellschaft dominierende Wertvorstellungen, nach denen ökonomische Erfordernisse höher eingeschätzt werden als die Bedürfnisse der Menschen, oder eine mangelnde Funktionsfähigkeit unserer Demokratie sind nur einige der von den Befragten genannten Ursachen.

Unter welchen Bedingungen mündet nun eine existente kollektive Handlungsbereitschaft von Menschen in zukunfsbezogene Zielvorstellungen zur Gründung der genannten Verbraucherselbstorganisationen ?

Sowohl bei Konsumgenossenschaften als auch bei food-coops konnte festgestellt werden, daß die entsprechenden Ideen nicht erfunden, sondern von Initiatoren aufgegriffen und so weiterentwickelt wurden, daß die Idee

Mittel und Wege zur Beseitigung der generellen Unzufriedenheit aufzeigte. Wird festgestellt, daß die Ursachen für die unbefriedigende Situation von den dafür Verantwortlichen einer Gesellschaft nicht beseitigt werden/ werden können, dann entwickeln bevorzugt Intellektuelle, die selbst von Deprivation betroffen sind, wandlungsorientierte Ideen und damit geeignete Zielvorstellungen.

Die Übernahme dieser Vorstellungen durch weitere kollektiv handlungsbereite Personen hängt einmal von der physischen Präsenz dieser Idee ab und zum anderen davon, daß sie von den potentiell geeigneten Personen zur Kenntnis genommen wird, was voraussetzt, daß diese über ein gewisses Maß an freier Zeit verfügen, die entwickelte Idee wenigstens teilweise mit ihren eigenen Ansichten übereinstimmt, und daß diese schließlich so präsentiert wird, daß sie der Herkunft, Intelligenz und Bildung der angesprochenen Personen angemessen ist.

Welche Konsequenzen hat dies nun für die Organisierbarkeit von Verbrauchern ?

Offe zufolge sind Interessen nur dann organisationsfähig, wenn sie ein Spezialbedürfnis einer bestimmten sozialen Gruppe darstellen, was bei Verbrauchern deshalb nicht der Fall sein könne, weil jeder Mensch Verbraucher sei, und Verbraucherinteressen deshalb der Gesamtheit der Individuen zugeordnet werden müssen (Offe, C., 1981, S.167).

Nicht nur von Offe wird außerdem gefordert, daß eine "Transparenz der Interessenlage" vorhanden sein muß, was bedeutet, daß der Betroffene seine wirtschaftliche und/oder soziale Lage innerhalb der Gesellschaft reflektiert, die eigene Position darin bestimmt haben, sowie weiter einen situationsbezogenen Wunsch nach Beibehaltung oder Veränderung seiner Lage entwickelt haben muß, alles Anforderungen, von denen man annimmt, daß sie von Verbrauchern nicht erfüllt werden können (Karstens, W., in: Stauss, B., 1980, S.1-35).

Dem ist entgegenzuhalten, daß sowohl bei der Gründung von Konsumgenossenschaften als auch bei der von food-coops eine klar abgrenzbare Personengruppe nicht nur das Bedürfnis und Interesse an qualitativ einwandfreien, nicht gesundheitsschädlichen, preisgünstigen Nahrungsmitteln hatten, sondern darüberhinaus weitere verbraucherspezifische und allgemeingesellschaftliche Spezialbedürfnisse.

Es konnte weiter gezeigt werden, daß Gründungsmitglieder von Konsumgenossenschaften und food-coops ihre wirtschaftliche und soziale Lage innerhalb der Gesellschaft sehr wohl erkannt hatten und weiter nicht nur Bedürfnisse sondern auch Erwartungen hinsichtlich einer Verbesserung ihrer Situation als Verbraucher entwickelt hatten.

Wie bereits angedeutet, beinhalten die entwickelten Erwartungen mehr als eine Verbesserung der Verbrauchersituation, weshalb zu untersuchen wäre, ob bei der Entstehung von Verbraucherselbstorganisationen von Bedeutung ist, inwieweit an der Gründung beteiligte Personen grundsätzlich ein Bewußtsein entwickelt haben müssen, daß über die Situation als Verbaucher hinausgeht. Die Analyse der Entstehungsbedingungen ergab nämlich, daß bei den Gründungen jeweils Verbraucherinteressen im Vordergrund standen, die sich zunächst auf den Bereich der Grundnahrungsmittel konzentrierten, also "Lebensbedürfnisse" darstellen, "die der Gesamtheit der Individuen zugeordnet werden können", und als solche nach Offe (C., 1971, S.168), "schwerer beziehungsweise überhaupt nicht unmittelbar zu organisieren" sind.

Ein weiteres Problem, das der Selbstorganisation von Verbrauchern entgegensteht, ist nach Wiswede (G., 1972, S.318) das der Heterogenität der Verbraucherinteressen, da Organisationsfähigkeit ein Mindestmaß an Homogenität der zu vertretenden Interessen voraussetzt, was von Verbrauchern insofern schwer zu erfüllen ist, als deren Interessen in Zielrichtung und Dringlichkeit auf unterschiedliche Güter, -qualitäten, -varianten etc. gerichtet sind, auf dem Markt verschiedene Kategorien von Verbrauchern auftreten, und die Verbraucher über unterschiedliche finanzielle, zeitliche und geistige Ressourcen verfügen.

Der Einwand der mangelnden zeitlichen Konstanz von Verbraucherinteressen spielt bei den hier untersuchten Verbraucherselbstorganisationen deshalb nur eine geringe Rolle, weil im Mittelpunkt des Interesses Nahrungsmittel standen, also Produkte, die ein Grundbedürfnis der Menschen befriedigen und von daher immer gebraucht werden. Bei den food-coops kam außerdem hinzu, daß deren Mitglieder sich über die von der Anbieterseite geförderten Tendenzen zur Individualisierung einzelner Verbraucher durch Produktdifferenzierungen oder Modewechsel (Volz, H. in:Stauss, B., 1980, S.136) im klaren sind und diesen Bestrebungen bewußt eine Alternative entgegensetzen wollen.

Das Problem der Dominanz des Produzenteninteresses einer Person über deren Konsumenteninteresse, was unter anderem von Böhm (F., 1951, S.196) als Hinderungsgrund für Selbstorganisation angesehen wird, hatte bei den an der Gründung von Konsumgenossenschaften beteiligten Personen deshalb nur eine geringe Bedeutung, weil sie traditionell bedarfsorientiert waren und das Produzenteninteresse nie zuvor einen solch hohen Stellenwert gehabt hatte. Stauss weist darauf hin, daß eine weitgehende Interessenidentität von Arbeitgeber- und Arbeitnehmerinteressen einerseits und eine Interessendifferenz zwischen Arbeitnehmern und Verbrauchern andererseits nur jeweils partiell vorliegen, da sich das Produzenteninteresse eines Menschen im allgemeinen nur auf einen kleinen Teil des Konsumenteninteresses erstreckt. "Das heißt, individuell tritt der Rollenkonflikt nur auf, wenn ein Wirkungszusammenhang zwischen der Durchsetzung einer Verbraucherforderung und bestimmten Auswirkungen auf das individuelle Produzenteninteresse bewußt ist;

mit anderen Worten: Die Entstehung eines Konfliktes ist davon abhängig, ob die Verbraucherforderung Arbeitsplatz, Arbeitsbedingungen, Lohn- und Gehaltshöhe usw. den einzelnen überhaupt fühlbar tangieren" (Stauss, B., 1980, S.139). Für die Mitglieder der food-coops ergab sich außerdem, daß ein hoher Prozentsatz Studenten beteiligt war, für die nach Nelles und Beywl Rollenkonflikte zwischen der Konsumenten- und Produzentenrolle gar nicht auftauchen (Nelles, W. & Beywl, W., 1980, S.84).
An dieser Stelle ist weiter interessant, daß die Zielvorstellungen beider Selbstorganisationsformen Aspekte enthalten, nach denen der Gegensatz zwischen Produzenten- und Konsumenteninteresse auf lange Sicht aufgehoben werden soll.

Zumindest was die untersuchten food-coops anbelangt, konnte festgestellt werden, daß man dem Problem des "free-rider-Verhaltens" zu begegnen versucht, indem den einzelnen Mitgliedern die Gelegenheit gegeben wird und von ihnen auch erwartet wird, daß sie im Rahmen der coop bestrebt sind, Verantwortung für die Gruppe zu übernehmen und außerdem das Ziel haben, die Anzahl der Mitglieder auf kleine überschaubare Gruppen zu beschränken, in denen persönliche Kontakte unter den Mitgliedern möglich sind. Damit wird auf einen Kritikpunkt an Olsons Modell kollektiven Handelns hingewiesen, der unter anderem von Brune genannt wird, nämlich der, daß in diesem Modell keine Aussagen darüber vorhanden sind, wie der Nutzen, an dem sich Individuen orientieren, abgerechnet wird (Brune, G., 1975, S.109). Die individuelle Kosten-Nutzen-Rechnung könnte nach Czerwonka et al nämlich ganz anders ausfallen wie unterstellt, wenn zum Beispiel der Zeitaufwand vom einzelnen nicht, wie angenommen, als negativer Faktor angesehen, sondern als Nutzen verbucht wird, was dann möglich wäre, wenn Verbraucherorganisationen Orte wären, an denen das Bedürfnis nach sozialem Kontakt befriedigt werden kann (Czerwonka, C., Schöppe, G. & Weckbach, S., 1976, S.200/201).
Der große Stellenwert, den dieses Bedürfnis bei den Mitgliedern von food-coops und Konsumgenossenschaften einnahm, deutet zumindest darauf hin, daß diese Überlegungen relevant sein könnten, doch bleibt deren Überprüfung und die der anderen von Olson gemachten Annahmen ebenso einer weiteren Arbeit vorbehalten, wie die Untersuchung, ob die für Konsumgenossenschaften und food-coops ermittelten Entstehungsbedingungen auch für andere Formen von Verbraucherselbstorganisationen von Bedeutung sind.

ANHANG

Tabelle 9: MITGLIEDERSTRUKTUR DER FOOD-COOP a   (67 % der Mitglieder wurden erfaßt)

	ALTER						GESCHLECHT	
	UNTER 20	20 - 25	26 - 30	31 - 40	41 - 60	über 60	WEIBLICH	MÄNNLICH
ABSOLUT	2	26	15	4	-	-	25	22
IN %	4.2	55.4	31.9	8.5	-	-	53.2	46.8

FAMILIENSTAND

	LEDIG	VERHEIRATET	GESCHIEDEN	EIN KIND	ZWEI KINDER	DREI KINDER
ABSOLUT	37	5	5	7	2	-
IN %	78.7	10.6	10.6	14.9	4.3	-

SCHULBILDUNG

	HAUPTSCHULABSCHLUSS	REALSCHULABSCHLUSS	ABITUR	KEIN ABSCHLUSS
ABSOLUT	1	4	42	-
IN %	2.1	8.5	89.4	-

BERUFSAUSBILDUNG (MEHRFACHNENNUNGEN)

	ABGESCHL.LEHRE	NOCH LEHRLING	HOCHSCHULABSCHLUSS	NOCH STUDENT	OHNE AUSBILDUNG
ABSOLUT	9	2	11	22	6
IN %	19.1	4.2	23.4	46.8	12.8

ARBEITSZEIT

	GANZTAGS 1)	HALBTAGS	HAUSFRAU	ARBEITSLOS
ABSOLUT	29	9	4	5
IN %	61.7	19.1	8.5	10.6

EINKOMMEN (fünf ohne Angaben)

	UNTER 500 DM	500 - 1000 DM	1001 - 2000 DM	2001 - 3000 DM	ÜBER 3000 DM
ABSOLUT	16	15	7	2	2
IN %	34.0	31.9	14.9	4.2	4.2

	ALTER						
	UNTER 20	20 - 25	26 - 30	31 - 40	41 - 60	über 60	WEIBLICH	MÄNNLICH
ABSOLUT	-	43	29	8	5	2	42	45
IN %	-	49.4	33.3	9.2	5.7	2.3	48.3	51.7

	FAMILIENSTAND				
	LEDIG	VERHEIRATET	GESCHIEDEN	EIN KIND	ZWEI KINDER	DREI KINDER
ABSOLUT	69	14	4	8	6	2
IN %	79.3	16.1	4.6	9.2	6.9	2.3

	SCHULBILDUNG			
	HAUPTSCHULABSCHLUSS	REALSCHULABSCHLUSS	ABITUR	KEIN ABSCHLUSS
ABSOLUT	-	14	68	5
IN %	-	16.1	78.2	5.7

	BERUFSAUSBILDUNG			
	ABGESCHL. LEHRE	NOCH LEHRLING	HOCHSCHULABSCHLUSS	NOCH STUDENT	OHNE AUSBILDUNG
ABSOLUT	20	4	25	33	8
IN %	23	4.6	28.7	37.9	9.2

	ARBEITSZEIT			
	GANZTAGS	HALBTAGS	HAUSFRAU	ARBEITSLOS
ABSOLUT	60	14	7	6
IN %	69.0	16.1	8.0	6.9

	EINKOMMEN (acht ohne Angaben)				
	UNTER 500 DM	500 - 1000 DM	1001 - 2000 DM	2001 - 3000 DM	ÜBER 3000 DM
ABSOLUT	16	41	13	5	4
IN %	18.4	47.1	14.9	5.7	4.6

Tabelle 11: GEGENÜBERSTELLUNG DER MITGLIEDERSTRUKTUR VON FOOD-COOP a UND b   (Angaben in %)

	ALTER						GESCHLECHT	
	UNTER 20	20 - 25	26 - 30	31 - 40	41 - 60	über 60	WEIBLICH	MÄNNLICH
a	4.2	55.4	31.9	8.5	-	-	53.2	46.8
b	-	49.5	33.3	9.2	5.7	2.3	48.3	51.7

	FAMILIENSTAND					
	LEDIG	VERHEIRATET	GESCHIEDEN	EIN KIND	ZWEI KINDER	DREI KINDER
a	78.8	10.6	10.6	14.9	4.3	-
b	79.3	16.1	4.6	9.2	6.9	2.3

	SCHULBILDUNG			
	HAUPTSCHULABSCHLUSS	REALSCHULABSCHLUSS	ABITUR	KEIN ABSCHLUSS
a	2.1	8.5	89.4	-
b	-	16.1	78.2	5.7

	BERUFSAUSBILDUNG				
	ABGESCHL. LEHRE	NOCH LEHRLING	HOCHSCHULABSCHLUSS	NOCH STUDENT	OHNE AUSBILDUNG
a	19.1	4.2	23.4	46.8	12.8
b	23.0	4.6	28.7	37.9	9.2

	ARBEITSZEIT			
	GANZTAGS	HALBTAGS	HAUSFRAU	ARBEITSLOS
a	61.7	19.1	8.5	10.6
b	69.0	16.1	8.0	6.9

	EINKOMMEN			
	UNTER 500 DM	500 - 1000 DM	1001 - 2000 DM	2001 - 3000 DM	ÜBER 3000 DM
a	34.0	31.9	14.9	4.2	4.2
b	18.4	47.1	14.9	5.7	4.6

vom Coop-Fest am
Abschrift 18.11.80

Wir haben gesprochen über:

1. ✿ Die Rechtsform der Coop:
   es wäre sinnvoll, eine rechtliche Form (z.B.
   e.V., wirtschaftlicher Verein o.ä.) zu finden
   was schon bestehende Coops drchweg gemacht
   haben (wegen plötzlicher Überraschungen durch das
   Finanzamt!) Im allgmeinen besteht bis 50 000 Dm Jahresumsatz keine
   Steuerpflicht. Wer hat da Durchblick?

2. ✿ Neue Lagerräume mit kaltem Keller
   In unserem Raum ist's zu warm und zu eng auf
   Dauer. Wer weiß was wo?

3. ✿ Chaos im Gemüseladen
   Ein zentrales Anliegen in der Coop war bisher, daß wir regelmäßig frisches
   Grünzeug besorgen und dadurch auch direkte und andauernde Kontakte zu den Produzenten herstellen. Seit xxxx nicht mehr für uns sorgt, klappt es mit dem
   Selbstabholen vom Markt nicht sonders und die bestellten Mengen sind auch recht
   kärglich (es fällt offenbar noch recht schwer eine Woche voraus zu planen).Wir
   wollen einen neuer Anlauf versuchen

   - allwöchentliche Bestellung:
     muß am Dienstag vormittag am Wochenmarkt eingekauft werden
     am besten per Fahrrad
   - Sammelbestellung für Lagergemüse in der Coop

   Trimm mal wieder!!

   Tip von Tante Emma: Lagern auf dem Balkon und mit alten Decken gegen Frost schützen

4. ✿ Koordination der "Dienste" (Laden schmeissen und Gemüse holen)

   Wer besorgt kostenlos Regale und ein Anschlagbrett fürs Zettel-Wirr-Warr in
   der Coop?

5. ✿ Nächstes Treffen: am Do. 18.12. um 19.00 Uhr
        mit kaltem Bufett zum selbermitbringen   *Was plant?*
   Themen: nochmals über die Rechtsform der Coop
           Milchprodukte (Kühlschrank)
           Erfahrungsaustausch im Umgang mit Getreide

und irgendwann mal wollen wir reden über:

Gemüseverwertung
Lagerung
Diätetik, Waschmittel
Brotbacken
Energiesparen
einen eigenen Garten

Liebe Grüße von

Abschrift des Protokolls der food-coop a vom 24.3.1981

Liebe Lebensmittel-Koopler(innen),

Veränderungen, Neuerungen werden immer dringender not, sind erfolgt.
Erfolgt ist, daß wir inzwischen auf ca. 70 Mitglieder (Einzel-,Zweizel-, WG-) angewachsen sind mit entprechend gestiegenem Warenumsatz und Engpässen, die aber nicht nur an unsere Bestellerei liegen.
Erfolg ist, daß xxxx endlich (nach über einem Jahr) die Bestellerei losgeworden ist an mich, und das Management der Dienste sich fast unmerklich aber trotzdem an xxxx angelagert hat.
NOT tut z.Zt. am meisten die Suche nach neuen Räumen. Also, Volk, bleibt am Ball, jeder als Verteil- und Lagerraum verdächtigen Idee nachgehen !!!!
　　　　　Inzwischen, d.h. solange wir hier bleiben, müssen wir wohl
noch ein paar Regalbauten anbringen, ev. noch einen Raum dazunehmen.
Zum REGALBAUEN: Material dazu ist schon da, an schaffigen Händen hat's halt gefehlt. Beim nächsten DONNERSTAG-s TREFFEN wird's organisiert, jawohl !!!!
Ebenso die WARENVERTEILUNG : die wird nämlich immer chaotischer. Dazu sind an Ideen / Vorschlägen da :

- 2 Abende / Woche und / oder 3 Menschen / Abend, die den Dienst übernehmen (natürlich im Austausch wie bisher)
- abgefüllt und abgewogen wird nicht mehr von den Abholenden, sondern das tun die, die den Dienst machen
- neue Techniken der Lagerhaltung und Abfüllung: z.B. feste, gut stapelbare und platzsparende Behältnisse für Körner und Flocken, oder Schütte für Körnersäcke, damit das Abfüllen größerer Mengen schneller wird.
- sinnvolle Gruppierung des Warensortiments : z.B. eim Raum mit Körnern und Flocken, & großer Waage, anderer Raum mit Müschen, Nüsschen, Früchtchen u.ä. und einer zweiten kleineren Waage.
- Gemüse kommt wieder mehr auf den Markt ! und wer bringt's in die Coop !! Freunde wacht auf ! Der Frühling ist ganz stark im kommen !!!!

Auch das Entgegennehmen von Lieferungen müssen wir selbst mänätschen.
Das sieht so aus, daß ca. alle vier Wochen eine(r) den Schlüssel kriegt
und nach Vorankündigung des Lieferanten ihm die coop aufsperren geht und
beim Ausladen hilft: ihr seht, er, sie, es muß oft und telefonisch erreichbar sein (nur an diesen 2 bis 3 Tagen)

Warenbestellung, -übersicht, finanzierung

etwas ausführlicher geschildert, damit die vorgänge für alle Mitglieder
transparent werden
Die Tätigkeiten verteilen sich in diesem Zusammenhang auf X und Y wie folgt:
Die Einnahmen werden nach jedem Abend nach wievor an X überwiesen, der
auch weiterhin dasd Konto und Kassenbuch führt und die Rechnungen begleicht,
der auch weterhin die Preiskorrekturen entsprechend der Rechnungsstellung
vornimmt. Mir sollte im Anschluß an jeden Verkaufsabend mitgeteilt werden,
was zur Neige geht und daher bestellt werden muß, ebenso Vorschläge über
neue Lebensmittelartikel bzw. -bezugsquellen. Desgleichen im Anschluß
an jede Lieferung, was von meiner Bestellung offen geblieben ist.

Durch den erhöhten Umsatz und die unterschiedlich langen und
manchmal unkalkulierbaren Lieferfristen (Zwischen 2 und 6 Wochen) wird
eine nahtlose Versorgung (neue Ware kommt dann, wenn alte nahezu verbraucht)
immer schwieriger, d.h. wir sollten mehr zur Vorratshaltung übergehen (bedeutet auch erhöhten Bedarf an Lagerraum und Vorfinanzierung). Klar, daß
sich dies in sinnvollen Grenzen halten muß. Ich möchte deshalb in etwa mit-
kriegen, wieviel von jeder Ware etwa in welchem Zeitraum wegkommt (im Sinn
von Vebrauch) (; dazu macht bitte in die Liste "Bedarfsermittlung" eure Ein-
tragungen, ja ? bitte ! Ich nehme an daß ein bis zwei Monate ausreichen
dann fällt das wieder weg (ohh wie schön !!)
Bei der stark angewachsenen Umsatzmenge (mehr Leute, neue Produkte) wird's
immer schwieriger bis unmöglich, mir einen Überblick durch kurze Übersicht
zu verschaffen, was gerade am ausgehen ist und daher bestellt werden muß.
Deshalb will ich in einer zweiten Liste, der "Vorratsliste" versuchen, lau-

fend Übersicht (nur grob) über die Menge der jeweils vorhandenen Waren zu verschaffen, von der ausgehend dann die "<u>Bestelliste   a) und b)</u>" zusammangestellt werden. Keine Bange das ist weniger aufwendig als es gerade klingt.

Die Vorratsliste liegt im Coop-raum und muß sinnvollerweise nach jeder größeren Veränderung berichtigt werden, d.h. nach jedem Verteil-abend. Ebenso nach jeder Lieferung. Die Bestelliste a) bleibt auch im Vorratsraum und wird nach jedem Verteilabend ergänzt, in die Bestelliste b) wird nur der Bedarf, der sich an diesem Abend neu ergeben hat , eingetragen (also nicht nochmals das, was in Liste a) gestanden hat) und dann mir zugeschickt (Drucksache offen)

Wenn dieses Listensystem dem einen oder anderen unheimlich bürokratisch vorkommt, vergeßt bitte nicht meine Studia an der Verwaltungshochschule (Oh Schreck!) und meine langjährige Laufbahn asl Verwaltungssuperhengst; Also ohne Flax: Ich erhoffe mir davon, daß es im Endeffekt für alle Beteiligeten einfacher und übersichtlicher wird und die durchgehende Versorgung reibungsloser hinhaut, danke-schön   für eure Aufmerksamkeit !!!!!

Abschrift des Protokolls der food-coop a vom Mai 1981

LIEBE LEBENSMITTELCOOP MITGLIEDER(INNEN)

DIE IHR UNSER SCHÖNES ALLMONATLICHES GEMEINSCHAFTLICHES
TREFFEN (VOM MAI) MIT SPEIS & TRANK & GEDANKENAUSTAUSCH
BEDAUERLICHERWEISE VERSÄUMT HABT:

UM WENIGER EURE GESCHMACKSBNERVEN ALS EURE KLEINEN GRAUEN
ZELLEN ANZUREGEN, VERZICHTE ICH AUF DIE BESCHREIBUNG
DER KULINARISCHEN HÖHEPUNKTE UND BESCHRÄNKE MICH
AUF DIE WESENTLICHSTEN GEISTIGEN LECKERBISSEN.
DAZU ZÄHLT ZUM BEISPIEL UNSERE ABSICHT 2-MAL IN DER WOCHE
(VORSCHLAG DI DO) DEN VERTEILABEND EINZURICHTEN UND
IHN MIT JEWEILS 3WECHSELNDEN LEUTEN DURCHZUFÜHREN:
DAMIT SOLL ZUM EINEN DER NEGATIVE ZUSTAND BESEITIGT WERDEN,
DAS SCHRECKLICHE GEDRÄNGE AN DEM EINEN ABEND / WOCHE UND
DAMIT FÜR DIE MITGLIEDER, DIE DEN
ABEND DURCHZIEHEN. DAS EIGENTLICHE ZIEL IST DIE SCHAFFUNG
EINER BESSEREN ATMOSPHÄRE DER KOMMUNIKATION UNTEREINANDER,
DAMIT DIE LEBENSMITTELCOOP NICHT ENTGEGEN DER
URSPRÜNGLICHEN ABSICHT ZUR REINEN BILLIG-BILLIG-EINKAUFE
DEGRADIERT. MIT DREI LEUTEN, DIE DIE BETREUUNG EINES ABENDS
ÜBERNEHMEN, WÄRE ES Z.B. MÖGLICH, IM GROSSEN RAUM -
EHEMALIGER XXXXXXXXX MITTAGSTISCH SPEISERAUM FÜR TEE ZU
SORGEN UND SO EINEN GEMÜTLICHEN AUFENTHALT ZU SCHAFFEN:
DANN BRAUCHEN SICH NICHT ALLE ABHOLER AUF DEM GANG UND IN DEN
KLEINEN WARENRÄUMEN HERUMDRÄNGEN.
A PROPOS GEDRÄNGE: WIR WOLLEN DIE ANZAHL DER ABHOLER IN DEN
WARENRÄUMEN AUF JEWEILS 4MANN/FRAU BESCHRÄNKT HALTEN.
ZWEI ABENDE JE WOCHE UND DREI VERANTWORTLICHE JE ABEND, DA BRAUCHT ES
ABER VIELE FREIWILLIGE ?? RICHTIG
DIESER GEDANKE HAT AUCH EIN BISSCHEN WEHMÜTIGE STIMMUNG
IN UNSER SCHÖNES TREFFEN GEBRACHT. SEIT VIELEN WOCHEN SIND
WIR ÜBER 70 MITGLIEDERHAUSHALTE IN DER LEBENSMITTELCOOP
UND TROTZDEM SINS ES IMMER NUR DIESELBEN WENIGEN,DIE DIE
ABENDE DURCHZIEHEN UND SO DAS WERKL AM LAUFEN HALTEN.
ALSO: UMS ALLEN NOCHMALS INS GEDAECHTNIS ZU RUFEN:
"WIR SIND EINE KOOPERATIVE UND EINE KOOPERATIVE BERUHT
AUF DER MITARBEIT ALLER MITGLIEDER, UND WENN ALLE BETEILIGTEN
DIES BEHERZIGEN, DANN GIBTS GAR KEIN PROBLEM, WER
ZWEIMAL IN DER WOCHE DIE LEBENSMITTELCOOP OFFENHÄLT !!!
WEIL MIR DIE ZEIT DRÄNGT, DIE WEITEREN ANREGUNGEN FÜR ALLE
IN STICHWORTEN:
    SCHAFFUNG EINER GEMÜSEGRUPPE, DAMIT WIR UNS WIEDER MIT
    ASTREINEM GRÜNFUTTER VERSORGEN KÖNNEN
    NUR AUF BESTELLBASIS, NICHT AUF VORRATSBASIS! ERZEUGER,
    LIEFERANTEN WISSEN WIR, NUR DIE BESTELLUNG MUSS ORGANISIERT
    UND DURCHGEFÜHRT WERDEN:
    AUCH EIER (GLÜCKLICHE, FREILAND) KÖNNE WIR BEKOMMEN
    BEI ABNAHME VON 100 EIERN /WOCHE ZU .25 DM/EI
    WEITERE GEDANKEN ZU UNSERER ZIELSETZUNG UND
    DEREN VERWIRKLICHUNG IN DER NÄCHSTEN RUNDSACHSCHREIBE
        mit gruenen gruessen

Abschrift des Protokolls der food-coop a vom 29.6.1981

Liebe Coop'ler,

Am vorletzten Samstag waren wir (Xxxxx, Xxxxx, Xxxxx und Xxxxx) in Xxxxxx beim Depottreffen, wo unter anderem auch über die Coop geredet wurde. Was ist das Depottreffen ? Hier treffen sich alle Kunden (die kommen!) des Depots, um über Neuigkeiten, Schwierigkeiten beim Depot, Koordination der Warenverteilung etc. zu reden. Da wir unsere Lebensmittel zur Zeit ausschließlich von dort (Xxxxxx) bekommen, geht uns das als Großabnehmer auch was an, d.h. in Zukunft sollte es für uns obligatorisch werden, daran teilzunehmen - also:
sollten wir das in die Pöstchenliste mit aufnehmen ?!
Wir hatten vor, die Probleme mit Xxxxx dort zu diskutieren
(Diese geben an, daß ihr Umsatz zurückginge). Leider kam von ihnen niemand und so haben wir nur unser Konzept (Das vorhandene und das angestrebte) vorgestellt. Wir haben uns auch untereinander noch mehr Gedanken gemacht, die ich hier kurz zusammenfassen möchte als Diskussionsgrundlage für die *nächste Coop-Vollversammlung Do. 9.7. um 20:00*
- Übrigens ich hör immer wieder Klagen wegen des Termins für unser monatliches Treffen: macht am Besten selbst einen Terminvorschlag und einen Ort aus und hängt es rechtzeitig im Xxxxxx aus !

① Zur Rechtsform

Nach wievor sind wir illegal, d.h. irgendwann (wohlmöglich bald) kann das Finanzamt bei uns auftauchen, dann gibt's Schwierigkeiten. Nach deren Meinung sind wir nämlich umsatzsteuerpflichtig und unterliegen den Vorschriften des Lebensmittelgesetzes (Lagerräume, Gesundheitsamt ...).
- Xxxxx hat Kontakte zu anderen Coops und brachte die Idee ein, dieses Problem (haben die anderen nämlich auch) gemeinsam anzugehen:
also Treffen von allen BRD-Coops/ oder im süddeutschen Raum zu organisieren. Xxxxx hat dafür schon eine ganze Menge Adressenmaterial gesammelt.

② Inhaltliches

Vor eineinhalb Jahren als wir anfingen, hatten wir uns folgende
Ziele vorgenommen (von mir so zusammengefaßt) :
- biologische Lebensmittel billiger machen (Durch Ausschalten des Zwischenhandels)
- Änderung unseres Verbraucherverhaltens:aktive Beteiligung an der Nahrungsmittelbeschaffung (kollektive Arbeitsteilung) und Kontakte zu Erzeugern herstellen (Beziehung schaffen)
- Mit unserem Einkauf wollten wir bestimmte Projekte der Lebensmittelerzeugung (Öko-Bauern, Landkommunen) fördern

- Beschaffung von Informationen über Qualität der Lebensmittel und
  Aufklärungsarbeit

Wir beschlossen dann, wegen der vielen Probleme mit Frischprodukten
und mangelns Kontakten erstmal mit Trockensachen anzufangen.
Im Herbst hatten wir dann noch 2-3 Monate eine Gemüsesammelbestellung,
die im November dann mangels Masse eingestellt wurde. Heute beziehen wir
nur Haltbares und zwar aus dem alternativen Groß- und Zwischenhandel.

Ich finde wir sollten die "alten Ziele" wieder aufgreifen und <u>die Coop weiterentwickeln</u>. Meiner Einschätzung nach ist die Coop auch ein Modell für
andere Initiativen, wo wir zeigen können, wie man es anders, besser und
menschengerechter machen kann. Mit unserem Ökologieverständnis (und wenn
sich das nur auf Nahrungsmittel beschränken sollte) können wir auch
praktisch einen Schritt zur Veränderung der heutigen, herrschenden Lebensform machen. Gemeinsam sind wir stark! Wir können Einfluß auf die Herstellung unserer Nahrungsmittel nehmen: den Chemie-Land und -Gartenbau sowie
die chemische Weiterverarbeitung boykottieren und nur die Sachen kaufen
und von den Leuten, die <u>wir</u> wollen.

③ <u>Probleme</u>: Viele neue Mitglieder - wenig Kommunikation untereinander und
das Gefühl ausgenutzt zu werden:
Zur Zeit sind wir 75 Haushalte und drei Karteileichen (?).
Die Hauptarbeit wird von ganz wenigen gemacht; an den Dienstagabenden
sind's meistens auch die gleichen die Dienst machen; also kurz und gut
Wir wenigen (Wir schätzen uns so auf 10-15 Personen) sehen das <u>nicht nur als
unser Problem</u> an. Wir wollen das <u>mit euch</u> verändern und erwarten von euch,
daß ihr bei den monatlichen Treffen auftaucht. Wenn sich das nicht ändert
sind wir irgendwann gezwungen, autoritäre Maßnahmen zu diskutieren : statt
freiwilliger Pflichtaufgaben für jeden strengere Aufnahmebedingungen, Punktesystem etc. -ich finde, daß das der Idee der Coop ganz schön schaden
<u>würde</u>.

> Wir sind kein billiger Kaufladen, sondern eine Interessengemeinschaft, wo jeder aktiv (nach seinen Möglichkeiten) mitarbeiten muß, damit
> dieses Projekt leben kann !

Als mögliche Ursachen für den jetzigen Zustand nehmen wir folgendes an:
Unser Raum ist denkbar ungeeignet für eine gemütliche Atmosphäre, d.h. man
hält sich nicht unbedingt länger drin auf als nötig.
Die Meisten wissen nicht so recht, was und wo man mitarbeiten kann (außer
den Diensten), weil einfach sehr wenig Informationen laufen.
Und: Langantrainiertes passives Konsumverhalten - das müßt ihr ändern,
wir fühlen uns ausgebeutet!

④ <u>Aktuelles:</u>
Wir brauchen neue Räume! sucht ! laßt eure Tips laut hören!
- Inventur ist längst überfällig. Wer machts???!!!

(überprüfen ob wir mit unseren Preisen noch richtig liegen)
- Wir wollen diskutieren, ob die Sockelbeträge von 50 auf 100 DM erhöht werden sollen. Wir könnten dann größere Vorräte anlegen und wären nicht immer gleich wieder leergeräumt / könnten unsere Produktpallette erweitern.
- Vor ca. zwei Wochen wurde ausgemacht, daß 2 Mal die Woche auf sein soll. Wann tragt ihr euch ein in die Dienstliste? Ebenso hatten wir beschlossen dienstags und donnerstags im großen Raum Tee bereitzustellen und eine Möglichkeit in Ruhe ein bißchen ins Gespräch zu kommen ist auch weitgehend noch nicht verwirklicht worden.

(5) Verbesserungsvorschlag:
Stellt euch mal die Coop in lauter Kleingruppen organisiert vor (immer für einen speziellen Bereich zuständig), z.B. so:
- Raumsuche, Informationssammelstelle, regelmäßiges Informationsblatt machen, Organisation der Dienste, Karteikarten in Ordnung halten und Mitgliederliste auf dem laufenden halten
- Einkaufsgruppe: Bestellungen machen, neue Quellen sammeln/ ausfindig machen, Lieferungen annehmen
- Treffen besuchen
- Produkte untersuchen: für jedes Produkt Herkunft, Anbaumethode, Transportwege etc. herausfinden und uns allen zugänglich machen. Neue Ideen weiterverfolgen (z.B. biologisches und billiges Waschmittel)
-- Äktschens: Besichtigungen bei neuen Erzeugern organisieren, Filme vorführen (z.B.Septemberweizen, eine Pflichtlektüre für jeden Ökointeressierten), Vorträge, Leseexemplare von wichtigen Sachbüchern bereitstellen (kleine Ausleihbibliothek ?)
- Juristisches/ Organisatorisches: Wie kriegen wir am wenigsten Schwierigkeiten mit den Behörden? Wie machen wir am wenigsten Zugeständnisse? Organisationsform suchen und Spielregeln und Teilnahmebedingungen für die Coop machen
- Kalkulation: Inventuren durchführen, Unkosten überprüfen, Preise ausrechnen (bei neuen Lieferungen überprüfen), Konto führen usw.

Für jedes Coop-Mitglied wäre es Pflicht, an einer dieser Gruppen regelmäßig teilzunehmen und mitzuarbeiten- Und einmal im Monat wird alles zusammengetragen (hier kann dann ja delegiert werden, wennsdenn sein muß) Und die Ergebnisse werden dann übers Informationsblatt an alle weitergegeben.

So jetzt habt ihr eine Menge zum Überlegen. Überdenkts, macht bessere Vorschläge und kommt doch zu   Xxxxxx

           Bis bald euer

SATZUNG DER LEBENSMITTELCOOPERATIVE a   (Abschrift)
2. August 1981

Wir haben folgende Ziele

- Änderung des Verbraucherverhaltens durch aktive Beteiligung an der Nahrungsmittelbeschaffung, kollektive Arbeitsteilung, Kontakte herstellen zu Erzeugern und Aufklärungsarbeit.

- Beschaffen von Informationen über Qualität und Herkunft der Lebensmittel.

- mit unserem Einkauf wollen wir bestimmte Projekte der Lebensmittelerzeugung unterstützen (Ökobauern, Landkommunen).

- wir wollen bio- organische Lebensmittel billiger machen durch Ausschalten des Zwischenhandels und freiwillige Mitarbeit der Mitglieder (erhalten keine Zuwendungen dafür).
- wir arbeiten ohne Gewinn.

Die Coop gliedert sich in Mitgliederversammlung und Arbeitsgruppen

Mitgliederversammlung:
Die Mitglieder treffen sich jeweils einmal im Monat. Der genaue Termin wird mindestens eine Woche vorher bekanntgegeben. Hier findet der Informationsaustausch der Arbeitsgruppen statt. Wichtige Entscheidungen werden abgeklärt; Abstimmungen werden dabei vermieden und stattdessen ein Konsens gesucht.

Arbeitsgruppen:
Die Arbeitsgruppen versuchen jeweils im Rahmen der obigen Ziele bestimmte, selbstgesteckte Aufgaben selbständig zu erfüllen.
Es ist jederzeit und jedem Mitglied möglich, eine AG zu initiieren.
Jedes Mitglied kann und sollte bei einer Arbeitsgruppe mitmachen.
Die Termine für die einzelnen AG's hängen aus; ebenso die Adressen der Kontaktpersonen.
Die AG's berichten über ihre Arbeit auf der MV.

Eintritt-Austritt

Mitglieder kann jeder werden, der mit dieser Satzung einverstanden ist, die darin aufgeführten Bedingungen erfüllt und bereit ist, an der Verwirklichung der Ziele aktiv mitzuarbeiten.

Jedes Mitglied entrichtet beim Eintritt einen Sockelbetrag (SB).

Der Austritt erfolgt formlos, die Einlage auf der Mitgliedskarte wird abzüglich etwaiger Verluste zurückgegeben.

Gewinn-Verlust

Vierteljährlich wird Inventur gemacht und etwaige Gewinne oder Verluste werden dann korrigiert.

Haftung

Treten Verluste auf, so werden die zu gleichen Teilen von allen Mitgliedern getragen. Dabei haftet jeder maximal mit seinen Einlagen.

Haushalt

Die Mittel der Coop sind nur für die satzungsgemäßen Zwecke zu verwenden.

VERZEICHNIS DER SCHAUBILDER

Schaubild 1:	Konsumgenossenschaftliches Zielsystem	S. 23
Schaubild 2:	Das Zielsystem der beiden untersuchten food-coops	S. 33
Schaubild 3:	Einige Wege der Verbreitung des konsumgenossenschaftlichen Gedankens	S. 68
Schaubild 4:	Zur Mitgliederstruktur von food-coop a und b	S. 89

VERZEICHNIS DER TABELLEN

Tabelle 1:	Die Zunahme der in Württemberg im Handwerk, in den Fabriken und im Handel Beschäftigten	S. 43
Tabelle 2:	Sozialstruktur der Erwerbstätigen in Preußen (in %)	S. 43
Tabelle 3:	Durchschnittliche Bruttogeldlöhne 1850-1870	S. 47
Tabelle 4:	Angaben zur Schichtzugehörigkeit von Initiatoren und Gründungsmitgliedern ausgewählter Konsumgenossenschaften	S. 50
Tabelle 5:	Mitgliederstruktur der württembergischen Konsumvereine am 1.1.1868	S. 54
Tabelle 6:	Gründung ausgewählter Konsumgenossenschaften und die strukturellen Bedingungen externer Attribution	S. 64
Tabelle 7:	Sensibilisierung von Individuen in ihrer Rolle als Verbraucher	S. 75
Tabelle 8:	Unzufriedenheit mit der gesamtgesellschaftlichen Situation	S. 85

TABELLEN IM ANHANG

Tabelle 9:	Mitgliederstruktur food-coop a	S.106
Tabelle 10:	Mitgliederstruktur food-coop b	S.107
Tabelle 11:	Gegenüberstellung der Mitgliederstruktur von food-coop a und b	S.108

LITERATURVERZEICHNIS

Abel, W. (1974), Massenarmut und Hungerkrisen im vorindustriellen Europa. Parey Hamburg/Berlin.

Albrecht, G. (1965), Die soziale Funktion des Genossenschaftswesens. Duncker & Humblot Berlin.

Arbeitsgemeinschaft der Verbraucher (Hrsg.) (1978), Zwischen Hunger und Überfluß. Schriftenreihe der Verbraucherverbände, Heft 13. Bonn

Aschhoff, G. (1965), Geschichte der genossenschaftlichen Wirtschafts- und Marktverbände in Deutschland, S.11-77. In: Werner, J., G. Aschhoff, W. Jäger & W. Weber, Geschichte, Struktur und Politik der genossenschaftlichen Wirtschafts- und Marktverbände. Müller Karlsruhe.

Auerbach, I. (1949), Die deutsche Konsumgenossenschaftsbewegung. Entwicklung, Aufgabenbereich, Möglichkeiten für die Zukunft. Dissertation, Wirtschafts- und Sozialwissenschaftliche Fakultät Köln.

Badelt, Ch. (1980), Sozioökonomie der Selbstorganisation. Beispiele zur Bürgerselbsthilfe und ihre wirtschaftliche Bedeutung. Campus Frankfurt am Main/New York.

Badura, B. (1972), Bedarfsstruktur und politisches System. Kohlhammer Stuttgart/Berlin/Köln/Mainz.

Beckmann, M. (1979), Theorie der sozialen Bewegung: Anwendung sozialpsychologischer Hypothesen zur Erklärung der Entstehungsbedingungen sozialer Bewegungen. Minerva-Publikation München.

Bellebaum, A. & H. Braun (Hrsg.) (1974), Reader soziale Probleme. Band 1. Herder Freiburg.

Bericht der Nord-Süd-Kommission (1980), Das Überleben sichern: Gemeinsame Interessen der Industrie- und Entwicklungsländer. Kiepenheuer & Witsch Köln.

Biervert, B. (1976), Organisation und Verbaucherinteressen. In: Biervert, B. et al., Verbrauchergerechte Verbraucherforschung und Verbraucherpolitik. Eine Situationsanalyse - Pilotstudie für ein Schwerpunktvorhaben im Bereich anwendungsorientierter Sozialforschung. Arbeitspapiere des Fachbereichs Wirtschaftswissenschaften der Gesamthochschule Wuppertal.

Biervert, B. (1978), Restriktionen der gegenwärtigen Verbraucherpolitik. In: Biervert, B. et al. (Hrsg.), Plädoyer für eine neue Verbraucherpolitik, S. 10-27. Schriftenreihe des Fachbereichs Wirtschaftswissenschaften an der Gesamthochschule Wuppertal. Gabler Wiesbaden.

Biervert, B., Fischer-Winkelmann, W.F. & R. Rock (1977), Grundlagen der Verbraucherpolitik. Eine gesamt- und einzelwirtschaftliche Analyse. Rowohlt Reinbek bei Hamburg.

Biervert, B., Fischer-Winkelmann, W.F. & R. Rock, (1977), Forschungsantrag zum Projekt "Alternative Organsiationsformen für die Vertretung von Verbraucherinteressen", Unveröffentlichtes Manuskript, Gesamthochschule Wuppertal.

Blosser-Reisen, L. (Hrsg.) (1976), Grundlagen der Haushaltsführung: Eine Einführung in die Wirtschaftslehre des Haushalts. 2. Auflage., Burgbücherei Schneider Baltmannsweiler.

Böhm, F. (1951), Das wirtschaftliche Mitbestimmungsrecht der Arbeiter im Betrieb. In: ORDO, Jahrbuch für die Ordnung von Wirtschaft und Gesellschaft, 4.Jahrgang, S. 21-250.

Bossel, H. (1978), Bürgerinitiativen entwerfen die Zukunft. Fischer Frankfurt am Main.

Brentano, v. D. (1980), Grundsätzliche Aspekte der Entstehung von Genossenschaften, Duncker & Humblot Berlin.

Brune, G. (1975), Stärkung der kollektiven Verbraucherposition. In: Scherhorn, G., Verbraucherinteressen und Verbraucherpolitik, S. 105-120, Schwartz Göttingen.

Buss, E. (1970), Eine theoretische Genossenschaftsanalyse. In: Nauke, W. & P. Trappe (Hrsg.), Rechtssoziologie und Rechtspraxis. Luchterhand Neuwied/Berlin.

Cassau, T.D. (1924), Die Konsumvereinsbewegung in Deutschland. Duncker & Humblot München/Leipzig.

Conze, W. (1968), Vom "Pöbel" zum "Proletariat". In: Wehler, H.-U. (Hrsg.). Moderne deutsche Sozialgeschichte. 2. Aufl., S. 111-135. Kiepenheuer & Witsch Köln/Berlin.

Couch, C.J. (1972), Kollektives Verhalten: Eine Untersuchung einiger Stereotype. In: Heinz, W.R. & P. Schöber, Luchterhand Darmstadt/Neuwied.

Czerwonka, C. & G. Schöppe & S. Weckbach (1976), Der aktive Konsument: Kommunikation und Kooperation. O. Schwartz & Co. Göttingen.

Engelhardt, W.W. (1968), Wandlungen und Reformen der deutschen Konsumgenossenschaften. In: Schmollers Jahrbuch für Wirtschafts- und Sozialwissenschaften, 88. Jg., S. 299-326.

Engelhardt, W.W. (1977a), Möglichkeiten und Evaluierung der Selbstorganisation - Thesen zu Fragen der Konsumgenossenschaften und des Konsumerismus. In: Diskussionsbeiträge für das 3. Wuppertaler Wirtschaftswissenschaftliche Kolloquium. Bd. 2, S. 282-292. Wuppertal.

Engelhardt, W.W. (1977b), Zur Frage der Betrachtungsweisen und eines geeigneten Bezugsrahmens der Genossenschaftsforschung. In: Zeitschrift für das gesamte Genossenschaftswesen (ZfgG), Bd. 27, S. 337-352.

Engelhardt, W.W. (1978), Entscheidungslogische und epirischtheoretische Kooperationsanalyse. In: Wirtschaftswissenschaftliches Studium (WiSt), Heft 3, S. 104-110.

Engelhardt, W.W. (1981), Genossenschaften II: Geschichte. In: Handwörterbuch der Wirtschaftswissenschaften. Hrsg. von W. Albers et al, Fischer Stuttgart/New York; Mohr Tübingen; Vandenhoeck & Ruprecht Göttingen/Zürich. S. 557-571.

Engelsing, R. (1968), Kleine Wirtschafts- und Sozialgeschichte Deutschlands. Verlag für Literatur und Zeitgeschehen Hannover.

Ferguson, M. (1980), The Aquarian Conspiracy. Tascher Los Angeles. Deutsch (1982), Die sanfte Verschwörung. Sphinx-Verlag Basel.

Fincke, C. (1980), Jawohl wir gründen eine Koop. In: Offene und praktische Nachbarschaftshilfe, H. 1, S. 11-14; H. 2, S.29-32. Pala-Verlag Schaafheim.

Freitag, F. (1967), Zu den gesellschaftlichen Beziehungen der Konsumgenossenschaft. In: Zeitschrift für das gesamte Genossenschaftswesen (ZfgG), Bd. 17, S. 82-92.

Friedrichs, J. (1973), Methoden der empirischen Sozialforschung, Rowohlt Reinbek b. Hamburg.

Grünfeld, E. (1928), Das Genossenschaftswesen, volkswirtschaftlich und soziologisch betrachtet. Meyer's Buchdruckerei Halberstadt.

Hansen, U. & B. Stauss (1978), Verbraucherverein als Aktionsforschungsprojekt - Eine Problemskizze. In: Biervert, B. et al. (Hrsg.), Plädoyer für eine neue Verbraucherpolitik, S. 225-277. Schriftenreihe des Fachbereichs Wirtschaftswissenschaft der Gesamthochschule Wuppertal. Gabler Verlag Wiesbaden.

Hasselmann, E. (1964), Und trug hundertfältige Frucht. Ein Jahrhundert konsumgenossenschaftlicher Selbsthilfe in Stuttgart. GEG-Druckerei Hamburg.

Hasselmann, E. (1965a), Aus eigener Kraft. Ein Jahrhundert genossenschaftliche Verbraucherselbsthilfe im Raum Lörrach-Waldshut. GEG-Druckerei Hamburg.

Hasselmann, E. (1965b), Durch den Verbraucher - für den Verbraucher. 100 Jahre Konsumgenossenschaft Esslingen. GEG-Druckerei/Konsumgenossenschaft Esslingen.

Hasselmann, E. (1971), Geschichte der deutschen Konsumgenossenschaften. F. Knapp Frankfurt am Main.

Hesselbach, W. (1971), Die gemeinwirtschaftlichen Unternehmen - Instrumente gewerkschaftlicher und genossenschaftlicher Struktur- und Wettbewerbspolitik. Europäische Verlagsanstalt Frankfurt/Main.

Huß, H.-P. (1977), Gründung und Entwicklung der württembergischen Konsumvereine bis zum Jahre 1871. Dissertation Fakultät für Wirtschaftswissenschaften Tübingen.

Kaiser, J.H. (1965), Die Repräsentation organisierter Interessen. Duncker & Humblot Berlin.

Kaufmann, H. (1911), Die Stellung der Sozialdemokratie zur Konsumgenossenschaftsbewegung. Verlagsanstalt des Zentralverbandes deutscher Konsumvereine Hamburg.

Konsumgenossenschaft Dortmund-Hamm-Bochum (1967), Werden und Wirken der Verbraucherselbsthilfe im östlichen Ruhrgebiet. Dortund.

Konsumgenossenschaft Freiburg (1965), Gedanken und Erinnerungen aus Anlaß des 100-jährigen Bestehens der Konsumgenossenschaft Freiburg i. Breisgau. Freiburg.

Kuczynski, J. (1962), Darstellung der Lage der Arbeiter in Deutschland von 1849 bis 1870. Akademieverlag Berlin.

Lindner, G. (1972), Theorie der Revolution. W. Goldmann Verlag München.

Martiny, A. & O. Klein (1977), Marktmacht und Manipulation: Sind die Verbraucher Objekt oder Subjekt unserer Wirtschaftsordnung ? Europäische Verlagsanstalt Köln/Frankfurt am Main.

Müller, J.O. (1976), Voraussetzungen und Verfahrensweisen bei der Errichtung von Genossenschaften in Europa vor 1900. Vandenhoeck & Ruprecht Göttingen.

Nelles, W. (1980), Basisinitiativen und Selbsthilfe von Verbrauchern. Unveröffentlichtes Manuskript Bonn.

Nelles, W. (im Druck), New Forms and Tendencies in the Development of Collective Action in West-Germany. In: Journal of Consumer Policy, 1983.

Nelles, W. & W. Beywl & K. Bremen & B.Wanders & T. Wettig (1981), Alternativen der Verbraucherpolitik. In: Zeitschrift für Verbraucherpolitik, H. 1/2, S. 100-112.

Novy, K. (1982), Vorwärts oder rückwärts ? Zur Geschichte der Alternativökonomie. In: Benseler, F., Heinze, R.G. & Klönne, A. (Hrsg.), Zukunft der Arbeit, S. 119-129. VSA-Verlag Hamburg.

Offe, C. (1971), Politische Herrschaft und Klassenstrukturen. Zur Analyse spätkapitalistischer Gesellschaftssysteme. In: Kress, G. & D. Senghaas (Hrsg.), Politikwissenschaft, 3. unveränderte Aufl., S. 155-189. Europäische Verlagsanstalt Frankfurt am Main.

Olson, M. (1968), Die Logik des kollektiven Handelns. Mohr Tübingen.

Oppen, D.v. (1959), Verbraucher und Genossenschaft. Zur Soziologie und Sozialgeschichte der deutschen Konsumgenossenschaften. Westdeutscher

Verlag Köln/Opladen.

Oppenheimer, F. (1896), Die Siedlungsgenossenschaft. Versuch einer positiven Überwindung des Kommunismus durch Lösung des Genossenschaftsproblems und der Agrarfrage. Jena.

Oschilewski, W.G. (1953), Wille und Tat. Der Weg der deutschen Konsumgenossenschaftsbewegung. Verlagsgesellschaft deutscher Konsumgenossenschaften mbH. Hamburg.

Ottel, F. (1955), Organisierung der Verbraucher. Knapp Frankfurt am Main.

Raffée, H. (1974), Grundprobleme der Betriebswirtschaftslehre. Vandenhoeck & Ruprecht Göttingen.

Rüttinger, B. & L.v. Rosenstiel & W. Molt (1974), Motivation des wirtschaftlichen Verhaltens. Kohlhammer Stuttgart/Berlin/Köln/Mainz.

Scherhorn, G. (1975), Verbraucherinteresse und Verbraucherpolitik. O. Schwartz & Co Göttingen.

Scherhorn, G. (1977), Konsum. In: König, R. (Hrsg.), Handbuch der empirischen Sozialforschung. 2. völlig neubearb. Aufl., Bd. 11, S. 193-265. dtv Stuttgart.

Scherhorn, G. (1980), Die Funktionsfähigkeit von Konsumgütermärkten. Beitrag für den Band "Marktpsychologie" des Handbuchs der Psychologie. Universität Hohenheim, Lehrstuhl für Konsumtheorie und Verbraucherpolitik. Stuttgart.

Schildt, G. (1977), Wachstum und Stagnation der sozialen Mobilität im 19. und 20. Jahrhundert. In: Kölner Zeitschrift für Soziologie und Sozialpsychologie, 29. Jg., S. 702-730.

Schneider, L. (1967), Der Arbeiterhaushalt im 18. und 19. Jahrhundert. Duncker & Humblot Berlin.

Schulte, M. (1980), Anmerkungen zur Genese der Konsumgenossenschaften in Deutschland. Arbeitspapiere des Fachbereichs Wirtschaftswissenschaft der Gesamthochschule Wuppertal Nr. 47. Wuppertal.

Sombart, W. (1923), Die deutsche Volkswirtschaft im 19. und Anfang des 20. Jahrhunderts. 6. Auflage. Kohlhammer Stuttgart.

Sozialwissenschaftliches Institut der evangelischen Kirche in Deutschland (Hrsg.) (1980), Zwischen Wachstum und Lebensqualität. Wirtschaftliche Fragen angesichts der Krisen wirtschaftlichen Wachstums. Kaiser München.

Stauss, B. (1980), Verbraucherinteressen: Gegenstand, Legitimation und Organisation. Poeschel Stuttgart.

Studiengruppe Partizipationsforschung am Seminar für politische Wissenschaft der Universität Bonn (1978), Zwischenbericht zum Projekt "Alternative Organisationsformen für die Vertretung von Verbraucherinteressen". Bonn.

Totomianz, V. (1929), Konsumentenorganisation. Theorie, Geschichte und Praxis der Konsumgenossenschaften. 3. verb. u. verm. Aufl.. Von Struppe & Winckler Berlin.

Vonderach, G. (1980), Die "neuen Selbständigen". 10 Thesen zur Soziologie eines unvermuteten Phänomens. Mitteilungen aus Arbeitsmarkt und Berufsforschung, 13, S. 153-169.

Weuster, A. (1980), Theorie der Konsumgenossenschaftsentwicklung. Die deutschen Konsumgenossenschaften bis zum Ende der Weimarer Zeit. Duncker & Humblot Berlin.

Widmaier, H.P. (1976), Sozialpolitik im Wohlfahrtsstaat. Rowohlt Reinbek b. Hamburg.

Wiswede, G. (1972), Soziologie des Verbraucherverhaltens. Enke Stuttgart.

Wissmann, K. (1948), Das Wesen der Konsumgenossenschaften. Westkultur-Verlag Meisenheim am Glan.

Zwerdling, D. (1981), Die ungewisse Wiedererweckung der Lebensmittelgenossenschaften. In: Case, J.v. & Taylor (Hrsg.), Soziale Experimente in der Bewährung, S. 163-182. Fischer Frankfurt am Main.

Printed by Libri Plureos GmbH
in Hamburg, Germany